光明社科文库
GUANGMING DAILY PRESS:
A SOCIAL SCIENCE SERIES

·法律与社会书系·

论职业安全权

雷杰淇 | 著

光明日报出版社

图书在版编目（CIP）数据

论职业安全权 / 雷杰淇著 . -- 北京：光明日报出
版社，2023.5

ISBN 978 - 7 - 5194 - 7205 - 4

Ⅰ.①论… Ⅱ.①雷… Ⅲ.①劳动安全 Ⅳ.①X92

中国国家版本馆 CIP 数据核字（2023）第 078132 号

论职业安全权
LUN ZHIYE ANQUANQUAN

著　　者：雷杰淇

责任编辑：鲍鹏飞　　　　　　责任校对：张慧芳
封面设计：中联华文　　　　　　责任印制：曹　净

出版发行：光明日报出版社
地　　址：北京市西城区永安路 106 号，100050
电　　话：010 - 63169890（咨询），010 - 63131930（邮购）
传　　真：010 - 63131930
网　　址：http：//book. gmw. cn
E - mail：gmrbcbs@ gmw. cn
法律顾问：北京市兰台律师事务所龚柳方律师

印　　刷：三河市华东印刷有限公司
装　　订：三河市华东印刷有限公司
本书如有破损、缺页、装订错误，请与本社联系调换，电话：010-63131930

开　　本：170mm×240mm
字　　数：180 千字　　　　　　印　　张：15.5
版　　次：2023 年 5 月第 1 版　　印　　次：2023 年 5 月第 1 次印刷
书　　号：ISBN 978 - 7 - 5194 - 7205 - 4
定　　价：95.00 元

前　言

　　自产业革命以来，职业灾害的预防和消解成为劳动生活的重要内容。英国作为世界上第一个实现工业化的国家，在取得伟大成就的同时也付出了惨痛的代价。工人们的劳动环境不断恶化，身体素质持续下降，社会陷入混乱与动荡，劳动者的职业安全成为重大问题。19世纪上半叶被称为"一个犯罪暴力冲突四处蔓延难以遏制的时代"。改革开放以来，我国的经济社会发生了翻天覆地的变化：农村劳动力向城市转移；劳动力市场一体化趋势明显；新兴产业蓬勃发展；劳动者素质不断提高。这些新变化给劳动者的职业安全权益保护提出新的挑战。职业安全不仅关系劳动者的生命与健康，涉及劳动者的家庭幸福，更影响劳动关系的和谐与社会的稳定。目前，关于职业安全权的内涵、外延、性质、地位等法律问题缺乏系统研究。为了进一步保护劳动者群体的职业安全，减少工业化的负面影响，有必要阐明职业安全权的基础理论，探索更为科学合理的职业安全权法律保护机制。

　　本书从职业安全权的解释论入手，对职业安全权进行了多元解读。以职业安全卫生立法的发展历程为考察背景，可以看到职业安全权的产生并非一蹴而就，乃是需要社会因素的沉淀和积累。职业安全权的权利基础问题可以从权利的道德基础、权利的经济基础、权利的心理基础和权利的法律基础四个维度探寻答案。在明晰权利来源的基础上，以"权利"的概念为线索，通过要素分析的方式探索职业安全权的概念与特征，将职业安全权界定为劳动者依法享有的，以保障其人身安全和身心健康为目的，免受职场危险因素侵害的权利。

职业安全权的权利构造决定了职业安全权的权能发挥。职业安全权的权利主体是劳动者，义务主体是用人单位和国家，保护对象为劳动者的人身权。当劳动者每享有一项职业安全具体权利时，相应地，用人单位就应承担一项职业安全具体义务。用人单位对劳动者职业安全权的保护义务并不是与劳动者忠诚义务相对应的附随义务，而是劳动契约的主给付义务。职业安全权的权利系统并非静止不动而是运动变化的，在不同时代具体内容不尽相同，但贯通其中的主线永远是劳动者的人身安全。劳动者职业安全保护的现实需要决定了职业安全权的法益构成，随着劳动者保护理念和人权保障水平的不断提升，劳动者在职业劳动中的心理健康也应逐步纳入职业安全权的保护范围，职业安全权的法益构成应当包含物质性法益与精神法益。

职业安全权的实现需要法律制度的有力保障。职业安全权的一般保障机制包括规范时间环境的工作时间规则和治理空间环境的劳动安全卫生制度。职业安全卫生立法最初的内容就是工作时间规范，这是因为延长工作时间是资本家剥削工人最基本、最重要的手段，相应地，控制工作时间就成为保障劳动者职业安全权的首要任务。现行法规定的工时标准不可谓不先进，但落实情况却不尽如人意，探索问题的原因和解决之策是劳动法学的任务之一。

职业安全权遭受侵犯后的救济途径有待明确。首先，劳动者因职业劳动遭受伤害，用人单位的工伤赔偿责任属于民事责任的范畴，具有侵权责任和违约责任的双重性质。其次，工伤保险制度是职业灾害事后补偿的重要内容，但目前的工伤保险制度不论程序上还是内容上均存在一定缺陷，不利于救济功能的发挥。再次，职业安全权的实现需要各方的共同努力，职业安全公益诉讼制度的建立有助于社会力量参与到劳动者职业安全保护中来，但其可能性和必要性需要进一步证明。最后，刑法是打击犯罪最为严厉的法律手段，将刑法引入职业安全卫生领域能有效遏制侵犯职业安全权的不法行为。

职业安全权的发展方向是精神法益保护之强化。当前，国际上关于劳动者职业安全问题的研究重心已经逐渐从身体健康转向心理健康。从权利发展的角度来看，职业安全权精神法益之强化将成为一个时代课题。为了更好地保护职业安全权的精神法益，必须努力消除影响精神法益实现的障碍因素。职场压力、职场暴力和职场性骚扰是劳动者精神法益保护面临的三大问题，会引发诸多不良后果。对劳动者的不利影响包括生理和心理疾病、不良的生活习惯、消极的工作态度等，对企业的不利影响包括劳动生产率的下降和经济成本的增加等，对社会的不利影响包括适龄劳动力的流失、医疗资源的非必要支出等。为了应对此类问题，一些国家颁布了相关法律，对于我国劳动者的职业安全权保护具有一定的借鉴意义。

权利的产生来源于人类的需要，权利的最终去向应当是权利的实现。法定权利和应有权利只有转化为实有权利，才有实际价值。职业安全权是劳动者依法享有的，以保障其人身安全和身心健康为目的，免受职场危险因素侵害的权利。其实现有赖于现行法的全方位保障。加强对劳动者职业安全权的保护力度，这既是劳动者生存和发展的需要，也是促进劳动关系和谐稳定和增加社会福祉的必然选择。

目 录
CONTENTS

第一章

职业安全权的多元解释

一、职业安全权的起源与基础

（一）职业安全权产生的历史背景

"躲避各种危险和风险，寻求安全保障，是人类最为朴素、自然而恒定的一种心理需求。"① 职业安全作为人类最基本的安全需求②之一，具有价值选择上的正当性和优先性。劳动者的职业安全诉求是劳动法不断发展和演进的内在动力。回顾职业安全权的发展历程，我们可以发现，职业安全权的产生并非一蹴而就。"其实，所谓个人的权利，不管是针对人的还是针对物的，都是由双方的妥协和让步决定的，因为一旦有人获得了这项权利，就意味着其他人必须把它放弃。"③

---

① 冯彦君. 论职业安全权的法益拓展与保障之强化 [J]. 学习与探索，2011（1）：107.
② 除职业安全外，人类基本的安全需求还包括生命安全、财产安全、环境安全、交易安全等。
③ [法] 埃米尔·涂尔干. 社会分工论 [M]. 渠东，译. 北京：生活·读书·新知三联书店，2001：81.

1. 18—19 世纪职业安全卫生立法的发展

在产业劳动关系形成之初期，对雇佣关系的法律调整以维护资本家的利益为根本目的。雇佣法律制度所保护的并非产业工人的生命健康，而是资本主义的生产秩序。劳动者的职业安全诉求得不到重视，导致的结果就是资本家的肆意剥削和大量职业伤亡事故的出现。一些调整雇佣关系的法律规定了最低劳动时间、对怠工劳动者的严厉制裁、限制工人密谋等，使得无产劳动者的生存环境十分恶劣。产业社会最为发达的英国，到了 18 世纪后半期，工作时间已经延长至每昼夜 14 小时、16 小时甚至 18 小时。①

18 世纪，主要资本主义国家劳动法律制度呈现以下特点：（1）保护的重心是资本所有者而非劳动者。从强迫工人劳动到规定最低工作时间等都是为了攫取更多的剩余价值，维护资产阶级的根本利益。（2）劳动安全卫生需求未获得法律的认可。现代劳动法首要而神圣的使命就是保护劳动者在职业劳动中的生命和健康安全。这是因为人身安全乃是劳动者众多利益中最为宝贵的利益，抛开人身安全利益，其他利益皆成为镜花水月。因此，在当时虽然也存在法律调整雇佣关系的情况，但由于违背了劳动法的基本理念和精神而难以称之为劳动法。② 正是在如此严苛的劳动条件和工作环境下，劳动者的职业安全得不到任何有效的保障，职业安全事故频繁发生，职业病患病率居高不下，严重威胁着劳动者的生命健康。由于得不到法律和政策的倾斜

---

① 关怀. 劳动法（第三版）[M]. 北京：中国人民大学出版社，2008：27.
② 早期有关劳动的法律因为与现代的法律精神相悖而难以被称为"劳动法"。从产业的立场来看，对劳动者的保护只是对劳动力再生产的保障，以确保作为商品的劳动力不会缺失。近代劳动法以人本主义为立场，认为劳动法的基本宗旨是在于劳动者人格之完成、社会地位之向上、经济地位之改善，劳动法是确保劳动者生存和生活秩序的法律。黄越钦. 劳动法新论 [M]. 北京：中国政法大学出版社，2003：18.

保护，工人们被迫自发地团结起来与资本家进行抗争。从起初的个人斗争，发展到自觉的、有组织的工人运动和工会运动。无产阶级斗争的高涨迫使政府和资本家做出一定的让步，以缓和日趋尖锐的社会矛盾，维护资产阶统治秩序。职业劳动安全作为无产劳动者最主要的利益诉求，获得了当时社会的初步认同。

1802 年英国政府颁布了第一部现代意义上的劳动法——《学徒健康与道德法》，该法规定禁止纺织工厂使用 9 岁以下的学徒，18 岁以下学徒每日的劳动时间不得超过 12 小时，禁止学徒在每晚 9 时至次日凌晨 5 时从事夜间劳作。这些规定具有划时代的重要意义，标志着劳动者的职业安全需求获得了法律的初步承认。然而，任何权利的取得都需要经过长期的斗争和革命。虽然 19 世纪产生了现代意义上的首部劳动保护法，但劳动者的职业安全状况整体上仍不乐观。1823 年英国政府颁布的《主仆法案》严格限制工人的各项权利，要求劳动者必须绝对忠诚于雇主，任何破坏劳动关系的行为都会受到严厉的刑事处罚。①《关于工厂劳动的修正法令（1850 年 8 月 5 日）》对工作日时间做了规定，一周的平均工作日为 10 小时，一周的前 5 天为 12 小时，从早上 6 点至晚上 6 点，星期六的工作时间为 8 小时，从早上 6 点至午后 2 点。即使法令规定了如此严苛的工作时间，贪婪的工厂主们仍不满足。

2. 20 世纪职业安全卫生立法的发展

20 世纪的人类社会经历了两次世界大战的洗礼，社会经济、政治、法律制度都取得了巨大的进步，劳动法获得空前的发展，职业安

① 曹燕. 从"自由"到自由：劳动法的理念缘起与制度变迁 [J]. 河北法学, 2007 (10)：109.

全上升为一项真正的权利。1919 年国际劳动组织正式成立，国际劳动组织从成立之初就致力于制定国际劳动标准，促进对劳动者基本权益的保护。国际劳动组织 1919 年通过了 1 号公约——《工业工作时间每日限为 8 小时及每周限为 48 小时公约》，要求各个成员国将工作日缩短至每日不超过 8 小时，每周不超过 48 小时。1930 年通过了第 30 号公约——《商业及办事处所工作时间的规定公约》，将工业、商业和办事处所的工作时间限定为每日 8 小时，每周 48 小时。随后 1935 年国际劳动组织通过第 47 号公约将工作时间缩短至每周 40 小时。1936 年通过的《工资照付年休假公约》明确规定劳动者连续服务满一年之后，应当至少有 6 天带薪年休假。与国际劳工组织的发展壮大同步，世界各国也相继颁布了一些保护劳动者的法律。如德国相继颁布了《工作时间法》《失业救济法》《工人保护法》《集体合同法》等一系列法律法规，增强了对劳动者利益的保护。美国在 1935 年颁布了《华格纳法》，承认工人有组织工会和集体谈判的权利；1938 年又颁布了《公平劳动标准法》规定了工人的最低工资标准和最高工作时间，进一步改善了劳动者的工作条件。1918 年俄国颁布了第一部社会主义劳动法典——《苏俄劳动法典》，1922 年又颁布了一个更加完备的《苏俄劳动法典》。这一法典体现了工人阶级地位的转变和国家对劳动者的关怀和保护，体现了社会主义劳动法的优越性，是一个新的里程碑。①

　　20 世纪后半期，主要资本主义国家完成了国家垄断对私人垄断的替代，劳动法取得了进一步的发展，劳动者的劳动安全条件有了大幅度的提高。1949 年瑞典颁布了世界上第一部关于劳动安全卫生的专门

---

① 关怀. 劳动法（第三版）[M]. 北京：中国人民大学出版社，2008：31.

性法律——《劳工保护法》，1977 年将其修订成为更加全面的综合性法律——《工作环境法》。瑞典的《工作环境法》主要调整雇主和雇员在预防健康和伤害事故方面的法律关系，适用于一切的产业雇佣关系。明确规定了国家和雇主在保护劳工和改善工作环境方面的义务，以及雇员享有的职业安全方面的权利，同时还规定了职业安全代表制度。"这部法律一方面将职业灾害与职业病预防作为法律规制的重点，提升劳资关系协调的起点；另一方面，它以劳动基准替代劳资对抗与交涉，将注意力放在改善工作环境上。"① 这一时期北欧其他国家也通过了一些有关劳动安全卫生的立法，展现了以人为本的精神和对劳动者无微不至的关怀。如丹麦 1975 年通过了《工作环境法》，颁布实施后经过多次修订。丹麦《工作环境法》的立法目的在于创造一个能够与科技和社会发展相适应的安全、健康的工作环境，使企业在丹麦工作环境署的监督领导下，在雇主和雇员组织的指导下，能够自己解决与职业安全卫生相关的问题。② 芬兰国会 1978 年通过了《职业卫生服务法》，规定了职业卫生服务的内容、范围、进修培训、卫生指导委员会等 12 条。该法明确职业卫生服务的费用由雇主承担，由卫生机构和卫生专业人员提供。职业卫生组织的服务情况需接受国家卫生委员会、省卫生委员会和社会事务委员会的监督。20 世纪 70 年代，世界主要资本主义国家先后颁布了有关劳动安全卫生的立法，这一时期是职业安全卫生法制迅速发展的黄金时期。1970 年美国制定了《职业安全与健康法》，鼓励雇主和雇员尽可能减少在工作场所发生有关职业安全卫生的灾害次数，促使雇主和雇员为提供安全卫生的劳动条件改进现行方案或

---

① 郑尚元，李海明，扈春海. 劳动和社会保障法学 [M]. 北京：中国政法大学出版社，2008：9.

② 范围. 工作环境权研究 [M]. 北京：中国政法大学出版社，2014：188.

提供新的方案。在美国的影响下，1972 年日本通过了《职业安全卫生法》，并于 1976 年重新修订了该法。1974 年英国颁布了《职业安全卫生法》，使劳动者的劳动条件得到了相当程度的改善。

表 1.1　20 世纪 70 年代部分国家职业安全立法

国家	制定年份	名称
美国	1970 年	职业安全与健康法
日本	1972 年	职业安全卫生法
英国	1974 年	职业安全卫生法
丹麦	1975 年	工作环境法
瑞典	1977 年	工作环境法
芬兰	1978 年	职业卫生服务法

　　1981 年国际劳工组织在瑞士日内瓦通过了《职业安全和卫生及工作环境公约》（第 155 号公约），公约明确规定："经济活动部门"一词包括雇佣劳动者的一切部门，包括公共机构；"工人"一词包括一切受雇佣者，包括公务人员；"工作场所"一词指劳动者因工作需要在现场或前往场所，并在雇主直接或间接控制之下的所有地点；与工作有关的"健康"一词，不仅指没有疾病、并非体弱，也包括对于与劳动安全和卫生直接有关的影响健康的身心因素。第 155 号公约作为改善劳动者工作环境的基础性标准，在保障职业劳动安全、维护劳动者合法权益方面起到了广泛而深远的影响。

　　20 世纪后半期的国际劳动立法从整体上看呈现以下特点。保护的重心从资本所有者转为劳动力所有者。这一时期的劳动立法强调对职业劳动关系中处于弱者地位的劳动者的倾斜保护。"劳动法的保护性特征，充分展示了现代劳动法的神圣使命和正义性。"① 劳动法律制度从形式正义向实质正义转变。劳动关系作为社会关系的有机组成部分，其是否协调稳定直接影响着整个社会的秩序和安定。随着各国加强对劳动关系的法律调整，劳资矛盾得到缓和，职业劳动关系日趋稳定，劳动者和用人单位由对抗走向合作。劳动立法主要表现为职业安全卫生立法。20 世纪七八十年代，劳动安全保护与改进工作环境方面的立法如雨后春笋般出现在世界各地，对劳动者健康的关注胜过以往的任何时代。劳动者的生命权和健康权作为首要的不可剥夺的人权，获得了法律的承认和有力的保障。

（二）职业安全权的权利基础

职业安全权（又称职业安全卫生权、职业安全健康权、劳动安全卫生权）的权利基础是一个值得探讨的课题。理论上，想要拥有一项权利必须基于某种事实，或者源于某种情势，或者由某个拥有权力的人授予。职业安全权的权利基础，可以从权利的道德基础、权利的经济基础、权利的权力基础、权利的心理基础和权利的法律基础这四个维度窥见一斑。②

1. 职业安全权的道德基础

权利的道德基础是一个颇具学理性和争议的问题。道德标准在不同的时代和社会之中大不相同，难于寻到一种"放之四海皆准、穷尽历史皆真"的道德准则。关于人类行为的道德标准，春秋战国时代的《道德经》第81章如是说："信言不美，美言不信；善者不辩，辩者不善；知者不博，博者不知；圣人不积，既以为人，己愈有；既以与

---

① 冯彦君. 劳动法学 ［M］. 长春：吉林大学出版社，1999：6.

② 杨春福. 论权利的起源与基础 ［J］. 南京大学法律评论，1998（春季号）：72.

人，己愈多。天之道利而不害，圣人之道为而不争。"① 老子认为人类的行为应当符合信息、善行、专精、利民而不争的道德标准。人生的最高境界是真、善、美的结合。

至于权利与道德的关系，古典自然主义法学派的代表人物格劳秀斯认为权利"乃一种道德性质，隶属于人，使人得以正当地占有某一特殊的权利，或可以做某一特殊的行为"②。英国达勒姆大学的米尔恩教授认为，任何社会都存在大家要共同遵守的最低限度的道德要求，否则这个社会就没有存在的基础；每个社会的道德要求是不相同的，这是由社会生活实践的不同特点所决定的；虽然在不同的社会中存在不同的道德标准，但一定存在一些一致的最低限度的道德标准，这些道德标准就是权利。③ 米尔恩指出："法律可以创设特定的义务，却无法创设服从法律的一般义务。一项要求服从法律的法律将是没有意义的。它必须以它竭力创设的那种东西为先决条件，这种东西就是服从法律的一般义务。这种义务必须，也有必要是道德性的。"④ 对于法律、权利、道德三者之间的关系问题，德沃金教授认为必须对宪法权利进行道德解读，"如果政府不给予法律获得尊重的权利，它就不能够重建人们对于法律的尊重。如果政府忽视法律同野蛮的命令的区别，它也不能够重建人们对于法律的尊重。如果政府不认真对待权利，

---

① 大意是说可信的语言不华美，华美的语言不可信；良善的人不会巧辩，巧辩的人不善良；有知识的人并不博闻，博闻多见的人并不有知识；圣人不为自己占有什么，既然都是为了世人，自己就已经拥有了；既然一切都给了世人，自己就越发富有了。自然的准则是有利于万物而不加害于万物，圣人的准则是做任何事情都不与人相争。

② 周辅成. 西方伦理学名著选辑（上卷）[M]. 北京：商务印书馆，1964：580.

③ 詹世友. 论权利及其道德基础 [J]. 华中科技大学学报（社会科学版），2013（1）：1.

④ [英] A.J.M. 米尔恩. 人的权利与人的多样性——人权哲学 [M]. 夏勇，张志铭，译. 北京：中国大百科全书出版社，1995：35.

那么它也不能够认真对待法律"①。德沃金认为只要公民的行为是出于真诚，即使这种行为可能违背当时的法律，也应认为他们有权利这样做，因为是权利和道德赋予了法律特别的权威，人民对法律的服从并非仅仅来源于法律的强制性，也包括对道德性的认可。②

职业安全是每一名劳动者都希冀的基本安全诉求，从雇佣关系诞生伊始就已然存在。从人类发展的角度来看，人所追求的"最高善"是人自身的幸福，"人类社会的漫长发展，光怪陆离的社会关系和社会形态，一直不变的就是人对其自身生存条件的关注，在这一点上可以构成基本共同的价值标准"③。每个人对问题的评价都会首先从自己的感受出发，将自己置身于所思考的事物中，以主观好恶做出分析和判断。现代社会中的每一个人都是实际上的或潜在的"劳动者"④，保证职业劳动安全，不断提高劳动条件，涉及的是作为个体的人的切身利益，是每一个人都关注并需要的基本价值。职业安全作为一项权利符合人类不断追求自身幸福的发展规律，符合一切为了人的人道主义标准，符合全人类共同的道德准则。从社会发展的层面来说，劳动者

① [美]罗纳德·德沃金. 认真对待权利 [M]. 信春鹰，吴玉章，译. 北京：中国大百科全书出版社，1998：270.
② 钟丽娟. 德沃金"权利论"解读 [J]. 山东社会科学，2006 (7)：25.
③ 何志鹏. 人权的来源与基础探究 [J]. 法制与社会发展，2006 (3)：105.
④ 此处的"劳动者"一词是一般意义上的使用，并非劳动法意义上的劳动者，泛指全体公民，包括农民、工人、军人、知识分子等。法律意义上的劳动者有广义和狭义之分，广义上指具有劳动权利能力和劳动行为能力（并不一定已参与劳动关系）的公民，狭义上仅指职工。"职工"一词亦有广义和狭义之分，广义上指具有劳动权利能力和劳动行为能力并且已经依法参与劳动关系（并不一定为劳动法律关系）的公民，狭义上仅指具有劳动权利能力和劳动行为能力，并已依法参与劳动法律关系的公民。在劳动法上，劳动者的概念有其特定含义，是指具有劳动资格，可以从事职业劳动的自然人。这里的劳动资格由三个条件构成：劳动年龄、劳动能力、人身自由。王全兴. 劳动法（第三版）[M]. 北京：法律出版社，2008：78. 冯彦君. 劳动法学 [M]. 长春：吉林大学出版社，1999：51.

的劳动力以其人身为载体，只有劳动者的生命健康处于安全的状态，劳动力才能得以存续和发展。如果劳动者的劳动安全得不到基本保障，劳动力无法延续，雇佣关系就会随之终结，人类社会也将失去存在和发展的基础。因此，职业安全是任何社会都存在的，是需要人类共同遵守的最低限度的道德需求，职业安全从利益上升为权利对于整个社会来说具有价值上的正当性与合理性。

尽管职业安全属于社会基本的价值追求，符合人类的共同道德准则，但在不同的历史时期，职业安全的道德判断标准也迥然各异。18世纪时，对劳动者的保护完全是从维护生产的角度出发，各种法律和政策完全倾向于资本家一方，对于资本家对工人的剥削完全采取自由放任的态度，不进行干涉。当时，只要劳动条件不至于让劳动者在短期之内死亡，就认为其符合道德标准。到了19世纪，现代工业获得了极大的发展，与此同时劳动者在职业劳动中所面临的危险因素也日益增多。生产过程中的有毒有害气体、粉尘、爆炸事故等威胁着劳动者的生命安全。在这种情况下，为了确保劳动者的身体健康，维护社会正常的劳动力生产和再生产，制定劳动保护法成为必要。

在工人运动的推动下，资产阶级制定了一些改善劳动条件的法律，如缩短工时，对童工、女职工的生理保护等。但究其根本原因，并不是因为职业安全作为劳动者的需求获得了全社会的普遍认同，而是统治集团为了维护统治秩序、保证社会生产而不得不做出的让步。在劳资双方的不断斗争中，资方选择了一定程度的妥协，职业安全从而获得了一种基本的保障，拥有了权利的雏形。19世纪职业安全的道德标准较之18世纪有所提升，企业需要确保职业劳动条件的相对安全，保护劳动者的生命健康权不被肆意侵犯。只要企业尽到了基本的安全保护义务，就被认为符合社会普遍的道德标准。这种程度的劳动保护对于劳动者来说既不完善也不全面，比如按照《学徒健康与道德法》的规定，18岁以下的学徒每日劳动时间不超过12小时就是合法的，这与现代劳动法有关最高劳动时间的规定相距甚远。20世纪至今，社会生产力迅速发展，劳动法逐渐完善，职业安全保护的道德标准与之前相比产生了巨大的变化。随着国际劳动公约的通过和各个国家劳动立法的进步，8小时工作日的观念深入人心。工作时间的缩短以及劳动保护条件的日臻完善，体现了劳动保护法以人为本的基本精神，对劳动者的人文关怀程度成为社会文明进步的标志。至此，职业安全真正成为一项劳动者权利，获得了宪法和劳动法的有力保护。

2. 职业安全权的经济基础

人们生活中所发生的各种关系，最主要的是经济关系即生产关系，其他的如政治关系、法律关系、文化关系等都源于经济关系，以其为中心。"人们在自己生活的社会生产中发生一定的、必然的、不以他们的意志为转移的关系，即同他们的物质生产力的一定发展阶段相适合的生产关系。这些生产关系的总和构成社会的经济结构，即有法律的和政治的上层建筑竖立其上并有一定的社会意识形式与之相适应的现实基础。"① 马克思主义者认为上层建筑是为适应经济基础的需要而产生的，有什么样的经济基础就有什么样的上层建筑，上层建筑无法脱离经济基础而存在，因此每一种上层建筑都具有特定性。关于权利，马克思感慨地指出：权利永远不能超出社会的经济结构以及由经济结构所制约的社会的文化发展。在这里，马克思的一个基本观点

---

① 马克思，恩格斯. 马克思恩格斯选集（第二卷）［M］. 北京：人民出版社，1995：32.

是权利要受到经济的制约，要有经济作为基础。① 没有一定的经济作为基础，权利之树就失去了赖以生存的土壤，无法存活和成长。

从职业安全权的产生来看，这项权利并不是自古就有的，而是资本主义生产关系发展到一定阶段才产生的。在原始社会和封建社会，劳动力依附于奴隶主和封建主，不存在劳动社会化的经济基础。从事生产的劳动者只有劳动和交租赋的义务，不享有权利。随着生产技术的进步，手工业的专业化程度不断加强，家庭手工业与农业进一步分离，新的手工业部门不断出现，社会分工逐步扩大。商品经济的发展使人类由封建社会跨入资本主义社会。机器大工业的发展又取代了原有的工场手工业，"工场手工业生产了机器，而大工业借助于机器，在它首先占领的那些生产领域排除了手工业生产和工场手工业生产……机器生产发展到一定程度，就必定推翻这个最初是现成遇到的、后来又在其旧形式中进一步发展了的基础本身，建立起与它自身的生产方式相适应的新基础"②。

在劳动社会化的环境下，劳动力的所有权与使用权分离，劳动力成为一种商品。"雇佣劳动以前是一种例外和辅助办法，现在成了整个生产的通例和基本形式；以前是一种副业，现在成了工人的唯一职业。暂时的雇佣劳动者变成了终身的雇佣劳动者。"生存是工人面临的首要问题，而生存权需要以一定的食物或财富为基础，否则难以实

---

① 杨春福．论权利的起源与基础 [J]．南京大学法律评论，1998（春季号）：72.
② 马克思，恩格斯．马克思恩格斯选集（第四十四卷）[M]．北京：人民出版社，2001：439.

现。职业安全权既是一种生存权①，又是一种发展权，它的实现需要国家和企业的经济实力作为后盾。劳动保护条件的提高需要企业为劳动者提供所需的各种防护用具，比如安全帽、防护鞋、防护面罩、防坠落用具等等；安全生产的维护要求企业购置符合安全卫生标准的厂房、车间、机器设备、环保设施，并安排专人负责检查和维护；政府相关部门应当对企业的安全生产情况进行定期检查和随机抽查，发现问题要及时处理。只有经济水平发展到全社会能够承担职业安全保障的各种投入和费用的时候，职业安全权才能产生并逐步发展。

同时，不同经济水平社会职业安全权的内容也大相径庭。比如人均 GDP 较高，税收和社会福利状况较好的北欧国家如瑞典、挪威、芬兰，是通过综合性的立法（《工作环境法》）而非专门性的立法（《劳动保护法》）来保证职业安全的实现。《瑞典工作环境法》的适用范围几乎涵盖了所有的雇员，无论其从事的是工厂工作、户外工作、农业工作、办公室工作或其他任何工作，也不论该雇员是受雇于私人领域还是公共领域。在非战时的和平条件下，工作环境法还适用于军队和民防。② 而世界上多数国家的劳动保护法一般都不适用于军队和一些公职部门。部分低收入的贫困国家甚至没有劳动保护法。

综上所述，职业安全权是经济社会发展到一定阶段的产物，权利

---

① 有学者认为生存权在现代可以有以下几方面通解：1. 生命仍是生存权的自然形式；2. 财产是生存权实现的物质基础；3. 劳动是实现生存权的一般手段；4. 社会保障是生存权的救济方式；5. 发展是生存权的必然要求；6. 环境、健康、和平是生存权的当代内容；7. 国家职能的转换是生存权的保障。关于第三点，随着劳动者的生存决定全社会生存的观点得到立法上的肯定，劳动者在现代人权法上受到了特殊保护。生存权问题最早由劳动者引起，解决了劳动权问题也就等于解决了社会多数人的生存权问题。徐显明. 生存权论 [J]. 中国社会科学，1992（5）：39.

② 范围. 工作环境权研究 [M]. 北京：中国政法大学出版社，2014：178.

的内容是由一定时期的物质生活条件决定的。职业安全权的发展变化与社会生产力水平的变化紧密相连，权利的发展水平受社会经济条件的制约。

3. 职业安全权的心理基础

现代意义上的公民权利意识的觉醒始于资产阶级革命，轻视人、蔑视人、不尊重人是君主专制的主要特征。为了反抗暴政获得人之为人应有的权利，一大批资产阶级革命家前仆后继，展开了声势浩大的资产阶级革命。1689 年的英国权利法案明确提出"英国人民拥有不可被剥夺的民事与政治权利"，这些权力集中于对公民权利的扩充和对王权的限制两个方面，如："人民有选举议会议员的权利"，"人民有佩带武器用以自卫的权利"，"国王不得干涉法律"等。体现美国立国重要精神的《独立宣言》（1776 年）宣称："人人生而平等，造物者赋予他们若干不可剥夺的权利，其中包括生命权、自由权和追求幸福的权利。""为了保障这些权利，人类才在他们之间建立政府，而政府之正当权力，是经治理者同意而产生的。"① 1789 年的法国《人权宣言》作为人类历史上第一部正式的人权宣言，继承了美国《独立宣言》的基本精神，提出"在权利方面，人们生来是而且始终是自由平等的"，"自由、财产、安全和反抗压迫是人的自然的和不可动摇的权利"，以人权为号召的资产阶级革命的成功，让权利的意识在世界各地生根发芽。

权利意识先于权利出现，无权利意识则无权利，在此种意义上，

---

① 这两句话的英文原文为 We hold these truths to be self-evident, that allen are created e-qual, that they are endowed by their creator with certain unalienable rights, that among these are life, liberty, and the pursuit of happiness. That to secure these rights, governments are instituted among men, deriving their just powers from the consent of the governed.

权利意识是权利的基础和渊源。职业安全权的产生以劳动者权利意识的觉醒为前提。正是因为广大工人阶级不堪资本家的剥削，有改善劳动条件和缩短工作时间的强烈愿望，在这种共同心理的推动下，工人阶级联合起来同资本家进行斗争，为争取自身的权利贡献力量。职业安全权内容的发展变化，也与劳动者权利意识的不断提升有密切联系。

从最初的对工作时间的限制到如今对工作场所整体安全的保护，从对劳动者个体权利的保障发展至对劳动者集体权利的维护，可以说劳动者权利意识的增强是职业安全权发展的内在动力。在强调权利意识的同时也不能排斥义务意识，因为权利和义务作为一组法律范畴是相伴而生的，没有无义务的权利，也没有无权利的义务。职业安全权的实现也需要劳动者承担自身应承担的义务，如认真学习与安全生产和劳动安全操作相关的知识，接受用人单位组织的安全生产教育和培训，遵守用人单位的操作规程和安全生产规章制度等。

虽然权利和义务是相伴而生的，但从唯物辩证法的角度来说，权利义务这对矛盾中，权利必然是矛盾的主要方面。首先，从源泉来看，民主的精髓是权利，权利是本源，义务为派生。其次，从目的来看，享有权利的目的并非履行义务，而义务的履行却是以享有权利为目的。最后，从时间上来看，公民从出生伊始就需要享有权利，正是因为享受了权利才会要求其履行义务。① 劳动者作为职业安全权的权利人，应当主动行使法律所赋予的各项具体权利。劳动者应该积极参与劳动安全卫生事务的决定，与用人单位合作，共同努力构建安全卫生的工作环境。

---

① 文敬.论权利意识［J］.中国法学，1988（4）：54.

4. 职业安全权的法律基础

在西方一些国家的语言中，"法"与"权利"源生一字（Rechtnpabo 等既是"法"又是"权利"）。权利并不是凭空产生的，而是随着人类社会的发展历程逐渐形成的。可以肯定的是，权利并不是由法律创造的，一般情况下，在法律颁布之前，权利就已经以一种自发的形式存在于社会生活之中。但通常人们在提到权利的时候，主要指的是法律权利而非道德权利、习惯权利等。这是因为一方面，通过国家立法程序在法律法规中规定的权利具有公示力和普适性，非其他权利可比。

另一方面，法定权利的落实有国家强制力予以保障，而其他权利主要是依靠人们自发的内心评价和社会评价的方式实现的。英国功利主义法学家边沁曾说过："在一个多少还算得上文明的社会里，一个人之所以能够拥有一切权利，他之所以能抱有各种期望，享受那属于他的东西，其唯一的来由是法律。"① 并非所有的社会权利都能转化为法定权利，只有统治阶级认可的符合社会选择条件的权利才可以上升为法定权利。而权利一旦法定，就对非法定的社会自发权利有了限制作用，因为法定权利实际上规定了权利的范围和自由度，其中通常隐含了一些不得超越界限的义务。②

职业安全是每个劳动者都具有的利益诉求，劳动者的生命健康是其生存和发展的根本，失去了生命健康，谈论任何事情皆无意义。从此角度来说，职业安全权首先是一项人身权，是人之为人所应有的权利。在这个基础上，统治阶级通过社会选择，挑选在社会共同体中具

---

① 张文显. 二十世纪西方法哲学思潮研究 [M]. 北京：法律出版社，1996：495.
② 郭道晖. 论法定权利与权利立法 [J]. 法制现代化研究，1995（6）：22.

有普遍需求性的应有权利，通过立法程序将其上升为法定权利。社会中的每一个人都可能成为劳动者，劳动者不仅人数众多，在维系社会生产力发展方面更是起到不可替代的作用。劳动者的基本需要转化为法律上的权利无疑具有正当性，职业安全权获得法律的认可是历史的必然。

职业安全权以劳动法及其相关法律为基础和保障，"在职业安全权作为法定权利属性的条件下，其权利的本位性和权利主体的主导性就凸现出来，从而构成职业安全权利制度：权利主体制度、权利内容制度、权利实现制度、责任制度以及权利救济制度"①。职业安全权不仅有公法予以保障，也有私法加以救济。例如《中华人民共和国安全生产法》（以下简称《安全生产法》）第五十三条规定：因生产安全事故受到损害的从业人员，除依法享有工伤保险外，依照有关民事法律尚有获得赔偿的权利的，有权向本单位提出赔偿要求。

二、职业安全权的学理界定

（一）关于"权利"概念的思辨

对职业安全权下定义之前，需要回答的一个问题是权利应当如何定义，只有对权利的构成要素了解透彻，才能对职业安全权这一具体权利做概念上的解读。著名法学家庞德曾经说过："法学之难，莫过于权利也。"张文显教授在《法学基本范畴研究》一书中介绍了目前国内外最具代表性的八种权利本质学说，即资格说、主张说、自由说、利益说、法力说、可能说、规范说、选择说。② 这八种学说基本涵盖

① 郭捷. 论劳动者职业安全及其法律保护 [J]. 法学家，2007（2）：9.
② 张文显. 法学基本范畴研究 [M]. 北京：中国政法大学出版社，1998：74-80.

了国内学者对权利所做的不同界定。夏勇教授认为权利的五大基本要素可以归纳为利益、主张、资格、权能、自由，并认为以其中任意一种要素为原点，以其他要素为内容，给权利下定义，皆不为错。① 有学者认为："法律上的权利，是指法律所允许的、权利人为了满足自己的利益而采取的，有其他人的法律义务所保证的行为（作为、不作为）。"② 还有学者认为权利概念包括四个要素：主体的实质要素、主体的形式要素、社会的实质要素、社会的形式要素。③

分析以上各位学者的观点，可以发现：

1. 利益是所有学者都认同的权利的基本要素

首先，权利的设立是以保护特定主体的利益为目的，有了特定群体的利益需求之后，才会产生权利。比如劳动报酬是劳动者个人生存和供养家庭的基础，每个劳动者都需要获得劳动报酬。为了保护劳动者的这种利益需求，劳动法规定劳动者有取得劳动报酬的权利。

其次，通常情况下，权利主体会享有一定的利益，权利是主体获得利益的工具。例如劳动法规定劳动者有休息的权利。劳动者享有的利益体现在以下几个方面。恢复劳动力。劳动力并不是凭空产生的，而是蕴藏于劳动者的身体中，劳动力是一种极易消耗的资源，劳动者所耗费的体力和脑力需要通过休息来恢复。品味自由。马克思曾经说

---

① 夏勇. 人权概念的起源 [M]. 北京：中国政法大学出版社，1993：44.

② 孙国华，朱景文. 法理学（第三版）[M]. 北京：中国人民大学出版社，2010：322.

③ 北岳. 法律权利的定义 [J]. 法学研究，1995（3）：42. 在该文中作者认为主体的实质要素是指主体对利益的追求和维护；主体的形式要素是指权利主体可以做出的行为选择自由；社会的实质要素是指权利所内含的以立法人为代表的社会对权利主体所享有的、"权利"所指称的追求或维护利益的行为选择和自由的态度；社会的形式要素是指权利概念所内含的，当权利主体根据权利做任何一种行为选择并行动，受到他人干涉、阻碍时，国家和法律给予的保护和帮助。

过，闲暇时间的获得是人类从必然王国走向自由王国的开始。人不同于机器，人类只有在自己可以支配的自由时光中，才能感受到精神上的放松和愉悦，才能感受到生活的真正乐趣和价值。提高素质。在工作之余的闲暇时间里，劳动者可以学习、参加培训等，以提高自身的工作技能和业务素质。全面发展。劳动者在做好自己本职工作的基础上，还应促进自身的全方位发展。

再次，作为社会生活中的人，劳动者不仅需要工作，还需要融入家庭生活，参加社会活动，这就要求劳动者在家庭生活、社会生活、政治生活、文化生活等方面倾注必要的时间和精力，以完成人际交往和情感沟通等目标，从而实现人的全面发展。① 以上几方面的利益需要劳动者通过所享有的休息休假的权利来实现。

最后，权利是法律所承认并保护的利益，利益关系在法律上就表现为权利义务关系。没有利益，权利也就失去了具体的实质内容。尽管权利与利益联系紧密，有时甚至难以区分，但利益有正当与不正当之分，只有正当的利益才是权利。权利与利益终究并不相同，理论与实践中不应当将权利等同于利益。

2. 行为自由是权利的题中应有之义

权利之所以是权利而非义务，不仅仅在于其能带来一定的利益，更重要的是权利对于行为主体来说意味着一种自由。权利中蕴含的自由首先表现为主体的意志自由。洛克曾经说过："离了思想，离了意志，就无所谓自由。"② 人们所称为"自由"的东西，应当是不受外界强制和束缚的。在意志自由的情况下，阻碍是断然不会存在的。

---

① 冯彦君. 劳动法学 [M]. 长春：吉林大学出版社，1999：157.
② [英] 洛克. 人类理解论（上册）[M]. 关文运，译. 北京：商务印书馆，1958：20.

　　其次，权利的自由意味着主体的行为自主，即权利主体可以按照自己的意志做出行为选择，不受其他事物的强迫和干涉。"权利的持有者可以珍视地保留、运用权力，也可以放弃权利。本书认为，'不可放弃的权利'这种表述本身就与权利的属性相矛盾。"① 通常情况下如生命和健康这种基本权利，人们都渴望享有并且不会放弃。但权利中所包含的自由之意表示主体可以选择这样行动或那样行动，不仅能够决定享有，也可以决定放弃。即使是生命这种人类最基本最重要的价值，只要权利主体有意愿，在不损害他人和社会利益的前提下，也可以选择放弃。比如荷兰议会于 1993 年 2 月 9 日通过了安乐死立法，将其确立为法定权利。对于身患绝症忍受巨大痛苦的病人来说，能够按照自己的意愿人道地、没有痛苦地死去，正是安乐死权利的价值所在。

　　关于权利本质的问题，范进学教授的研究为我们提供了一种新思路。他认为："只有且唯有'正当'或'正当的'才是权利内在本质的构成要素，由此可以把权利界定为'正当的事物'，即权利就是正当的事物，义务则是应当的事物。"② 抛开以往有关权利内涵的各种纷繁复杂的学说，这种剥开权利外衣直中权利核心的观点让人豁然开朗。庞德曾对权利的生成和演变进行过系统的分析，他的分析清楚地表明：权利在最原始的意义上就是指正当的或正义的事情。③

　　（二）职业安全权的含义分析

　　《中华人民共和国劳动法》第三条明确规定：劳动者有获得劳动

---

① 何志鹏. 权利基本理论：反思与构建 [M]. 北京：北京大学出版社，2012：29.
② 范进学. 权利概念论 [J]. 中国法学，2003（2）：15.
③ 范进学. 权利概念论 [J]. 中国法学，2003（2）：15.

安全卫生保护的权利。对于什么是劳动安全卫生，《中华人民共和国劳动法》未予明确。我国学者对于职业安全权（劳动安全卫生权）及其相关概念的界定各有不同，究其原因主要是侧重的角度有所区别，现列举如下。

1. 职业安全权

（1）"职业安全权，是劳动者依法享有的在劳动的过程中不受职场危险因素侵害的权利。"①

（2）"职业安全卫生权，是指劳动者在劳动过程中，为保证自己的生命和身心健康，有获得在工作场所的职业安全和卫生保护的权利。""职业安全权在我国还与狭义的劳动保护权具有相同的含义。"②

（3）"职业安全卫生权是雇员享有或应该享有的不受工作场所危险因素和有害因素的侵害以及遭受侵害后获得及时充分救济，从而使其职业安全和健康获得保障的权利。"③

（4）"职业安全权是指对劳工在劳动过程中的物质性人身权的保护，它是劳动者最基本的权利，体现的是对人生命价值的尊重。"④

2. 劳动安全卫生权

（1）"劳动安全卫生是指国家为了保护劳动者在劳动过程中的安全和健康而制定的各种法律规范的总称，包括劳动安全技术规程、劳动卫生规程、企业安全卫生管理制度等。"⑤

（2）"劳动保护，其广义是指对劳动者各个方面合法权益的保护，

---

① 郭捷. 论劳动者职业安全及其法律保护 [J]. 法学家，2007（2）：9.
② 常凯. 职业安全卫生权利与职业安全卫生法治 [J]. 法学论坛，2010（5）：135.
③ 刘超捷，傅贵. 论职业安全卫生权 [J]. 学海，2008（5）：121.
④ 杨春平. 职业安全权应当纳入宪法基本权利体系 [J]. 重庆科技学院学报（社会科学版），2011（10）：57.
⑤ 关怀，林嘉. 劳动法（第四版）[M]. 北京：中国人民大学出版社，2012：155.

即通常所称的劳动者保护；其狭义仅指对劳动者在劳动过程中的安全和健康的保护，又称劳动安全卫生或职业安全卫生。"①

3. 工作环境权

（1）"工作环境权，是指劳动者应当在能够保障其安全和身体健康的环境中进行工作的权利。"②

（2）"工作环境权是指为了保护劳动者职业安全和健康，避免其他人员以及环境因劳动相关的因素而受到危害，以'职工参与'为核心的权利。"③

（3）"工作环境权是指劳动者有权在能够保障其生命安全、身心健康和人格尊严的环境中进行工作的权利。"④

通过前述对权利要素的分析，可以一步一步界定职业安全权的概念。首先，利益是公认的权利的基本要素，职业安全权从产生到发展均以保护劳动者利益为根本目的。其次，行为自由也是权利的要素之一，劳动者可以按照自己的意志独立行使职业安全权的各项子权利，不受他人的干涉和侵犯。再次，"正当性"是权利的本质要素。职业安全权的正当性体现在对"人的安全"这一至高无上法益的保护。"生命和健康在价值选择上的首要性和公理性，决定了以保障生命和健康安全为法益目标和对象依归的职业安全权在劳动权利谱系中居于举足轻重的地位。"⑤ 综上所述可以将职业安全权界定为：劳动者依法享有的，以保障其人身安全和身心健康为目的，免受职场危险因素侵

---

① 王全兴. 劳动法（第三版）[M]. 北京：法律出版社，2008：317.
② 周长征. 劳动法原理 [M]. 北京：科学出版社，2004：104.
③ 范围. 工作环境权研究 [M]. 北京：中国政法大学出版社，2014：30.
④ 张晓阳. 劳动者工作环境权的界定 [J]. 社会科学战线，2013（10）：256.
⑤ 冯彦君. 论职业安全权的法益拓展与保障之强化 [J]. 学习与探索，2011（1）：107.

害的权利。

对于工作环境权和职业安全权的关系，存在不同的看法。有学者认为两者是同一概念，"我国《中华人民共和国劳动法》没有采用'工作环境权'的提法，但是该法第 3 条明确规定，劳动者享有获得劳动安全卫生保护的权利。这里'获得劳动安全卫生保护的权利'，实际上与工作环境权是同义的"①。也有学者认为两者并不相同："'工作环境权'一词之使用，代表劳工安全卫生保护已进入一个新境界。"②"从工作环境权法制历史发展的纵向比较来看，工作环境权法作为最新发展，其在理念和具体制度方面确实超越了劳动安全卫生法。"③

本书比较赞同以下观点，工作环境权"固然在其内涵上有了极大的丰富和发展，但从权利属性上看，与劳动安全卫生保护权相比较，并不是一项独立的权利，而是包含了劳动安全卫生保护权的内容"④。以往在讨论职业安全权时，过于强调职业安全权对物质性人身权的保护，甚至将职业安全权界定为保护劳动者在劳动过程中物质性人身权不受侵犯的权利。随着国际劳工保护和各国劳动安全卫生法的发展，这种观点的片面性在今天已然显现。正如没有人会认为精神病人是健康人一样，"健康"一词本就应该包括生理健康和精神健康两个方面。在职业安全权涵盖物质法益和精神法益之后，工作环境权与职业安全权并无本质上的区别。

---

① 南京大学法学院《人权法学》教材编写组. 人权法学 [M]. 北京：科学出版社，2005：244.
② 黄越钦. 劳动法新论 [M]. 北京：中国政法大学出版社，2003：432.
③ 范围. 工作环境权研究 [M]. 北京：中国政法大学出版社，2014：28.
④ 义海忠，谢德成. 工作环境权的内容及价值 [J]. 宁夏社会科学，2012（5）：14.

（三）职业安全权的特征解析

虽然学者们给职业安全权下的定义并不相同，但仍有一些共通之处，可以视为职业安全权的特征。

1. 职业安全权的权利主体是劳动者

不管如何定义职业安全权，可以肯定的是劳动者是该权利的享有者。从职业安全权的产生、发展历程来看，唯一不变的是对劳动者的专有保护。职业劳动中的各行各业都存在一定的风险，只不过风险的大小有所不同。从事矿山、井下、粉尘、有毒有害物质作业的劳动者所面对的职场危险因素要远大于在办公室中从事脑力工作的劳动者。但这并不表示脑力劳动者没有劳动安全需求，比如工作场所基本的安全是每一名劳动者都需要的。工作场所的温度过高、过低或者空气湿度过大过小，都会对劳动者的身体健康造成危害，因此工作场所应当保护正常的温度和湿度。对于高于一定温度的，应当采取降温措施；低于一定温度的，应当进行供暖；湿度过高的，应当采取防潮措施；过于干燥的，应当设置加湿设备。

职业安全权对所有劳动者的保护都一视同仁，不因身份关系的不同而有所区别。随着生活节奏的加快和社会竞争的日益激烈，脑力劳动者所承受的精神压力日益增加，因精神压力所带来的职业安全问题越来越多，对精神法益的涵摄成为职业安全权发展的新思路和新趋势。不管职业安全权的内涵和外延发生何种变化，其所保护和围绕的中心永远是劳动者。

2. 职业安全权的义务主体是用人单位和国家

从契约的角度来看，劳动契约是劳动者与用人单位之间建立劳动关系，明确双方权利义务的协议。劳动契约的内容既有财产关系属性，也具有一定的人身关系属性。虽然此处的人身关系与一般的人身隶属关系有所区别，劳动者并不因劳动契约的签订而丧失其主体性。但劳动者仍然要服从用人单位的管理和支配，将劳动力的使用权在一定期限内让渡于用人单位。因此对劳动者来说有忠于用人单位、服从指挥的义务，对于用人单位来说则有对劳动者进行保护的义务，用人单位是职业安全权最直接的义务主体。国家对职业安全权的保障，主要是公法意义上的。职业安全权是劳动者的基本权利，国家有义务对劳动者的安全和健康进行宏观上的保护，这种保护主要是通过制定相关法律法规和监督用人单位的执行来实现的。政府职能部门应当将职业安全卫生管理和服务工作纳入日常职责范围，通过一系列审批、鉴定、考核、认证等职能活动，督促用人单位做好劳动保护工作。① 劳动行政部门应当配备足够数量的行政执法人员，按照法定程序对用人单位执行劳动安全卫生法律法规的情况进行检查和监督。

3. 职业安全权保护的对象是劳动者的人身权益，保护的范围限于劳动过程之中

学界一般认为人身关系包括人格关系与身份关系，与此对应人身权包括人格权与身份权。法律上的人格指的是主体资格，人格权是人基于自身的人格所享有的权利。身份是指人在社会中的特定的不可转移的地位，身份权是指基于特定身份所享有的权利。② 在人身权益中，职业安全权主要保护的是劳动者的人格权，包括劳动者的生命权、健康权、身体权、人格尊严、人身自由。

生命是人格的载体，是人之为人最基本和最重要的价值，也是法

① 王全兴. 劳动法（第三版）[M]. 北京：法律出版社，2008：320.
② 郭明瑞. 人格、身份与人格权、人身权之关系——兼论人身权的发展 [J]. 法学论坛，2014（1）：5.

律所保护的最高的利益。劳动者的生命权是劳动者首要的基本权利，职业安全权对劳动者生命权的保护，体现了劳动法律制度的人本属性。

健康指人的身体、精神和社会的完好状态，不仅仅是疾病和羸弱的消除。健康权是指人所享有的保持生理和心理良好状态的权利。劳动者的健康权是职业劳动过程中最容易受到侵害的权益。随着现代工业的发展，职业劳动过程中面临的危险因素越来越多，粉尘、有毒有害的废气废液、瓦斯爆炸、高压高温等都威胁着劳动者的身体健康，保护劳动者的健康权益是劳动法律制度的神圣使命，也是职业安全权的主要内容。国际劳工组织第 155 号公约中的第 3 条明确指出："与工作有关的健康一词，不仅指没有疾病或并非体弱，也包括对于与工作安全和卫生直接有关的影响健康的身心因素。"

身体指人或动物的躯体，身体权则是公民维护其身体完整性的人格权。生产技术的进步在提高生产率的同时，也让劳动者的身体暴露于冰冷的机器之下。广义上的生命健康权包括生命权、健康权和身体权，劳动者的身体权无疑是职业安全保护的重要内容。身体健康是职业安全权最重要的法益，也是传统法益，这一点无论现在或将来皆不会改变。不过，随着劳动法学理论和实践的发展，心理健康和精神健康也应纳入职业安全权的保护范围。

人格尊严是一个极为抽象的概念，西方启蒙思想家认为："每个人在他或她自己的身上都是有价值的——我们仍用文艺复兴时期的话，叫作人的尊严——其他一切价值的根源和人权的根源就是对此的尊重。"① 谈到对人格尊严的伤害，主要是精神意义上的，随着越来越

---

① ［英］阿伦·布洛克. 西方人文主义传统［M］. 董乐山，译. 北京：生活·读书·新知三联书店，1997：234.

多的女性劳动者进入原本由男性主导的工作领域，性骚扰成为女性劳动者普遍面临的问题。性骚扰包括言语的性暗示或戏弄，是违背当事人意愿的性要求。性骚扰侵犯了被骚扰者的人格尊严，被骚扰者会因此感到不安、屈辱、愤怒，从而产生精神上的巨大压力。职业安全权对劳动者精神法益的保护，正是遭遇性骚扰的劳动者所迫切需要的。

自然人的人身自由包括身体行动自由和精神活动的自由，职业安全权对劳动者人身自由的保护主要体现在解除权和拒绝权上。当用人单位以暴力、威胁、非法限制人身自由的手段强迫劳动者劳动，或者劳动者的劳动环境和劳动保护措施达不到标准，以及用人单位强令违章冒险作业时，劳动者可以不按用人单位的指令劳动，有拒绝的权利和自由，并且可以立即解除劳动合同，无须告知用人单位。职业安全权通过对劳动者人身自由的维护，达到保障劳动者生命健康、减少职业劳动危险的目的。职业安全权对劳动者人身权益的保护，主要是在劳动过程之中。此处的"劳动过程"作广义理解，应当涵盖劳动者进入工作场所、开始劳动、午间休息、离开工作场所的全过程。此处的"工作场所"不仅包括劳动者日常的工作地点，亦包括受工作指令所延伸的所有场所。

三、职业安全权的法律价值透视

（一）劳动权视域下的职业安全权

劳动权是劳动法学的核心范畴，在劳动法学理论大厦中处于基础地位。劳动权是一个有着丰富内涵和时代特征的权利系统，职业安全权是这个系统中的重要组成部分，与其他劳动权互相结合、密切联系。劳动权的理念和性质决定了职业安全权在权利谱系中的定位和发展方向，讨论职业安全权不能不提到劳动权。在劳动权的视域下透视职业安全权，能够让我们更加清晰地看到职业安全权的来源和理论基础，更加透彻地认识职业安全权的权能是如何得以发挥并随着劳动权理论的进步而不断丰富和发展的。

1. 劳动权的概念和价值

（1）劳动权的概念

关于劳动权的概念，多有不同认识，大体上可以分为广义说和狭义说两种。狭义上的劳动权指获得工作的权利，也包括获取劳动报酬的权利。例如，有学者提出："工作权，又称劳动权，在市场经济国家中，劳动权存在于劳动者与其雇佣单位之间，是劳动者的基本权利。这种权利可以衍生出若干其他劳动权利。"① "劳动权，是指具有劳动能力，达到法定就业年龄的劳动者有获得劳动机会的权利。"② 广义上的劳动权将其理解为劳动者的权利或者称为劳工权利，例如有学者认为："劳动权，即劳动者的权利，劳动者的权利主要是就业权和社会保障权。"③ "劳动权是指劳动者个人或团体所享有的，以就业权、结社权（团结权）为核心的，因劳动而产生或与劳动有密切联系的各项权利的总称，是属于社会权范畴的一类权利。"④

日本和德国都有劳动权的概念，但内涵有所不同。日本的劳动权主要是狭义上的，指获得就业机会和职业选择的权利。德国的劳动权通常是广义上的，包括工作权、请求劳动报酬权、休息休假权等各项

① 郑尚元，李海明，扈春海．劳动和社会保障法学［M］．北京：中国政法大学出版社，2008：66.

② 郭捷，刘俊，杨森．劳动法学［M］．北京：中国政法大学出版社，1997：65.

③ 杨燕绥．劳动与社会保障立法国际比较研究［M］．北京：中国劳动社会保障出版社，2001：18.

④ 徐建宇．劳动权的界定［J］．浙江社会科学，2005（2）：59.

法定权利。界定劳动权概念的立足点应当是有利于保障劳动者基本权益和有助于解决劳动法实践中存在的问题。正如有学者所言："在法学研究上应该严格界定和使用劳动权的概念，应将之厘定为内涵和外延都相对确定的劳动法学的核心概念……劳动权是指包括与劳动紧密关联的劳动者的全部劳动权利。从外延上看，把劳动权视为劳动权利的简称也未尝不可。"①

（2）劳动权的价值

劳动权既是生存权也是发展权。"所谓生存权，就是人为了像人那样生活的权利。所谓像人那样生活，就是说人不能像奴隶和牲畜那样生活，是保全作为人的尊严而生活的权利。"② 生存权作为首要的和基本的人权，主要包括两方面的内容。一是生命权。生命权是人最基本的权利，是享有其他一切权利的基础和前提。生命权的重要性不证自明，它是人生来就拥有的权利，无须国家赋予，无须他人认可。《公民权利和政治权利国际公约》第六条规定"人人有固有的生命权。这个权利应受法律保护。不得任意剥夺任何人的生命"。二是安全权。安全是个人和社会永恒的价值追求，所谓安全就是没有危险，在很多情况下安全是一种主观状态，强调主体的感受。作为生存权的安全权与其他基本权利密切相关，包括生命安全、财产安全、劳动安全、食品安全、环境安全等。

现代社会中，绝大多数人都是通过自己的劳动来换取收入，维持

---

① 冯彦君 . 劳动权论略［J］. 社会科学战线，2003（1）：167. 冯彦君教授认为劳动权包括以下内容：1. 工作权或就业权；2. 报酬权；3. 休息权；4. 职业安全权；5. 职业培训权；6. 民主管理权；7. 团结权；8. 社会保障权。并指出："从逻辑结构来看，工作权是基础和前提，报酬权和福利权是核心，其他权利是保障。"

② ［日］三浦隆 . 实践宪法学［M］. 李力，白云海，译 . 北京：中国人民公安大学出版社，2002：158.

生活和供养家庭。劳动是人获得财产的基本途径，是保障人的生存和生活的重要手段。"确保劳动者健康地生存，有保障地生活，这是劳动权的生存理念。"① 劳动权的生存理念具体表现为：首先，就业权确保劳动者有获得工作的权利，通过劳动创造财富，获得物质生活来源。其次，职业安全权保护劳动者免受劳动过程中各种风险的伤害，休息权使劳动者的劳动力得到恢复，两者合力让劳动者拥有健康的身体和良好的精神状态。② 最后，社会保障权确保劳动者在发生劳动风险时能够获得一定的物质帮助，维持基本生活水平。在生存的基础上，发展是人类更高层次的需求。

劳动改变了社会文明的历史进程，决定着人的全面发展的实现程度。"人的发展与社会发展是相辅相成、互为条件的。人的发展是社会发展的源泉和动力，社会发展为人的发展创造环境和条件。当代人的发展应该是全面的、突出素质的发展。人的发展需要诸多先决条件，在人格独立、行为自由、闲暇获得、经济支持、社会促进等方面，劳动权都发挥着不可替代的保障功能。"③ 劳动权的发展理念，以公平公正为核心，通过对弱势群体的倾斜保护，达到形式正义与实质正义的统一。劳动权的发展理念具体表现为：劳动报酬权使劳动者有了稳定的经济收入，促进劳动者独立人格的实现，为劳动者素质的全面提高提供良好的物质基础。职业培训权为劳动者职业素养的提升创造基本条件，减少工作中的阻碍因素，增强劳动者的核心竞争力。民主管理

---

① 冯彦君. 劳动权论略 [J]. 社会科学战线, 2003（1）: 167.
② 职业安全权和休息权均为劳动权的有机组成部分，两者之间有紧密的联系。从功能上来看，职业安全权和休息权都包含对劳动者生理健康的保障。从内容上来看，职业安全权和休息权有部分重合之处，比如，对最高工作时间的限制既是对职业安全的保证，也是休息权的题中应有之义。
③ 冯彦君. 劳动权的多重意蕴 [J]. 当代法学, 2004（2）: 40.

权让劳动者能够直接参与企业内部社会事务等方面的决策，提高处于弱势地位的劳动者的话语权，从而更好地维护和实现自身利益。

2. 劳动权与职业安全权

作为劳动权重要的子权利，职业安全权的发展状况直接影响劳动权的实现程度，甚至有学者认为职业安全权是劳动权的首要权利。"职业安全卫生权是最重要的权利，处于个别劳权之首。"① 劳动权与职业安全权都属于基本人权的范畴，在价值取向和制度功能上，两者有着密切的联系。

（1）职业安全权和劳动权都以生存为首要的价值理念

职业安全权的生存理念集中体现为对劳动者生命安全和身体健康的保护。职业安全权缘起于劳动者缩短工作时间、提高劳动条件的强烈需要，在此后的发展中，所有的制度设计都是围绕"劳动者生命与健康"这一中心主题。人是人类社会得以存在和延续的唯一主体，人的安全是至高无上的价值追求。劳动改变了世界，创造了物质财富，并为精神财富的创造提供了条件。生命和健康是劳动者的最高利益，也是价值创造的基础，没有健康的劳动者，就没有未来。

历史的经验教训一再告诫我们，任何只注重经济发展忽视劳动者利益的做法，都是得不偿失的。

职业安全权通过一系列的制度设计，修正"经济本位"的思想观念，切实保障劳动者的生存利益。工作时间制度确保劳动者脑力和体力的正常恢复，促进劳动者休息权的实现；女职工和未成年职工保护制度对弱者中的弱者进行加强保护，满足其特殊的生理需要；拒绝和紧急避险制度赋予劳动者自力救济权，让劳动者在任何情况下都能维

---

① 刘超捷，傅贵. 论职业安全卫生权 [J]. 学海，2008（5）：121.

护自身安全。在确保劳动者的生存利益上，劳动权和职业安全权有异曲同工之处，两者都以生存理念为首要的和基本的理念。在此基础上，职业安全权侧重于保护劳动者的人格利益，劳动权则多角度、全方位地保障劳动者能够健康地生存和有尊严地生活。

（2）职业安全权和劳动权都具有社会权和自由权的法律属性

社会权指公民有从社会获得基本生活条件、充分发展个体生产和生活能力的保障和良好地发育个体精神人格和社会人格的权利。主要包括个人的生存权、劳动权、受教育权和获得社会保障权等。① 社会权通常被认为是与自由权相对应的权利类型，自由权要求国家不干涉公民在自由范围内的行动，如此方能保障主体权利的实现。社会权要求国家对社会生活中的弱者提供保护和帮助，以此促成主体权利的实现。社会权和自由权都需要国家的积极义务和消极义务来进行保障，但义务的地位和作用有较大区别。社会权主要由国家的积极义务来保障实现，自由权主要以国家的消极义务作为实现的手段，排斥公共权力的干涉。

劳动权具有社会权和自由权的双重属性，"劳动力能否及时与他人的物质资本相结合以及在结合过程中劳动力拥有者的人格、人身及财产利益的得失问题，单凭劳动者的自由权是不能有效加以维护的，国家基于这样的前提遂产生了对劳动者的积极的保障义务，这种作为性的积极义务不是要剥夺劳动者的劳动自由，而是要保障劳动自由的充分实现。劳动权因此在自由权的基础上也具有了社会权的属性"②。职业安全权具有自由权的属性，表现为职业安全权的实现要以国家和

---

① 李步云. 宪法比较研究 [M]. 北京：法律出版社，1998：529.
② 冯彦君. 劳动权的双重属性：社会权与自由权属性 [N]. 中国劳动保障报，2004-02-03.

社会的不干涉、不阻碍为前提条件。但与社会权属性相比，职业安全权的自由权属性处于次要地位。历史经验告诉我们，如果国家对劳动条件采取放任不管的态度，广大劳动者的职业安全状况必定不尽如人意。因为企业并非慈善机构，主要以盈利为目的，资本逐利的天性极易导致劳动者权益的弱化。职业安全权具有鲜明的社会权属性，主要通过国家的积极作为来保障权利的实现。

（3）劳动权的发展理念赋予职业安全权新的内涵

在生存的基础上，发展是人类社会的普遍追求。人类不仅要生存，更需要有好的生活，促进社会发展是法律制度应有的价值目标。劳动权关注人的发展，并以促进劳动者获得全面发展的机会和条件为基本理念。劳动权的发展理念突出表现为尊重劳动者的独立人格、为劳动者提供经济支持以及促进社会发展。

首先，劳动者的独立人格是劳动者个人权利的基本形式，集中体现了劳动者的个人利益和主体地位。在社会生活中，劳动力的所有权是劳动者个人利益实现的基础。劳动者通过将劳动力使用权让渡给用人单位获得劳动报酬，这种对劳动能力的交换以劳动者拥有独立人格为先决条件。劳动权尊重并保障劳动者的独立人格，平等就业权要求用人单位不因劳动者的性别、年龄、户口所在地、民族等自然因素而进行差别对待，禁止歧视劳动者。自主择业权保障劳动者自由选择职业的权利，劳动者可以任意选择何时何地进入哪一个用人单位进行工作，并不受国家、社会和用人单位的强迫，体现了劳动者的自由意志。

其次，一定的经济基础是劳动者生存和发展的前提。劳动权为劳动者提供的经济支持不仅维系劳动者的生存，也促进劳动者的全面发展。劳动权体系中的报酬权是劳动者依法取得劳动报酬的权利，包括报酬请求权和报酬支配权。报酬请求权是在劳动者付出劳动之后有请求用人单位支付劳动报酬的权利。报酬请求权性质上是债权，但与普通债权有所不同，具有法定的优先性。报酬支配权是劳动者自由支配自己劳动报酬的权利，具有物权的属性，劳动报酬的完整性不受他人侵害。① 劳动报酬权为劳动者的生存和发展提供稳定的经济支持，使劳动者能够学习、旅游、参加社会活动等，感受生活的乐趣和真谛，在生存的基础上谋求更高层次的发展，促进自身素质的不断提高。

最后，社会的发展离不开人的进步，职业培训通过提高劳动者的专业知识和技能水平，扩大劳动者的就业领域，提升劳动者的劳动效率和竞争实力。我们的时代是一个知识经济的时代，国家之间的竞争本质上是人才的竞争，劳动者个人素质的提高具有重要意义，不仅可以增加就业，还能提高劳动生产率，增强可持续发展力，最终促进社会的全面发展与进步。劳动权作为一个开放式、不断发展的权利体系，它的各项子权利也随着劳动权理念的更新而进步。职业安全权的新发展体现为对劳动者权益的全面保护，不仅保障劳动者的物质性法益，也将精神法益逐步纳入职业安全权的涵摄范围。"这种与物质性法益相对应的精神性法益的证成与关注将助推劳动法成为最具有现代性的名副其实的'人法'和'人权保障之法'。"②

（二）体面劳动理念下的职业安全权

在 1999 年 6 月召开的第 87 届国际劳工大会上，国际劳工局新任局长胡安·索马维亚在向大会提交的《体面的劳动》报告中第一次提

① 冯彦君. 劳动法学 [M]. 长春：吉林大学出版社，1999：60.
② 冯彦君. 论职业安全权的法益拓展与保障之强化 [J]. 学习与探索，2011（1）：107.

出了"体面劳动"的概念，并指出："体面劳动意味着生产性的劳动，包括劳动者的权利得到保护、有足够的收入、充分的社会保护和足够的工作岗位。"2008 年在中国举办的"经济全球化与工会"国际论坛开幕式的致辞中，胡锦涛指出："让广大劳动者实现体面劳动，是以人为本的要求，是时代精神的体现，也是尊重和保障人权的重要内容。"2013 年 4 月 28 日，习近平总书记在同全国劳动模范代表座谈中指出："全社会都要贯彻尊重劳动、尊重知识、尊重人才、尊重创造的重大方针，维护和发展劳动者的利益，保障劳动者的权利。要坚持社会公平正义，排除阻碍劳动者参与发展、分享发展成果的障碍，努力让劳动者实现体面劳动、全面发展。"体面劳动不仅是国际劳工组织和中国政府一直致力于实现的重要战略目标，也是劳动者的普遍愿望，还是构建和谐劳动关系的重要条件。

1. 体面劳动的内涵

马克思曾经说过："如果我们生活的条件容许我们选择任何一种职业，那么我们可以选择一种使我们最有尊严的职业，选择一种建立在我们深信其正确的思想上的职业，选择一种能给我们提供广阔场所来为人类进行活动、接近共同目标即完美境地的职业……能给人以尊严的只有这样的职业，在从事这种职业时我们不是作为奴隶般的工具，而是在自己领域内独立地进行创造。"[1] 体面劳动的战略目标体现了马克思的劳动伦理思想，其内涵主要包括以下几个方面。

第一，体面劳动是给人以尊严的劳动。尊严来源于人类的主观意识，是一种获得他人尊重和较高评价的愿望，体现了人的自我价值和

---

① ［德］卡尔·马克思，弗里德里希·恩格斯. 马克思恩格斯全集（第四十卷）［M］. 北京：人民出版社，1982：6.

社会价值。劳动创造了人，并集中体现了人的自由和意志，符合社会发展规律、能够反映人的主体地位的劳动应当是有尊严的劳动。体面劳动意味着劳动者能够在安全、舒适、愉悦的环境中进行工作，实现自我价值，获得社会的认可和尊重。

第二，体面劳动是公平的劳动。公平包括机会公平、过程公平和结果公平。机会公平又称起点公平，指社会应当为每一名成员提供平等的生存和发展机会；过程公平主要指规则公平，要求维持社会运行的各项标准具有内在的科学性和统一性；结果公平主要指分配公平，应当按照"多劳者多得，少劳者少得，不劳者不得"的准则，合理分配社会财富。在劳动领域，起点公平主要指劳动者享有平等的就业机会，不受性别、年龄、种族的限制。过程公平要求用人单位建立完备的绩效评估和激励制度，客观评价劳动者在工作中的表现。结果公平指劳动者应当获得与其劳动贡献相匹配的物质利益，坚持同工同酬、多劳多酬的分配标准。

第三，体面劳动是自由的劳动。我们所谓的自由指的是人的自由，人只有通过劳动才能获得这样的自由。在劳动中，人才能成为自然的主人；在劳动中，人才能成为社会的主人；在劳动中，人才能成为自己的主人。[1] 体面劳动目标下的自由既包括劳动者可以自主选择自己从事的职业、自由地参加各种劳动者组织、不被强迫劳动，也包括劳动者有权利获得足够的闲暇时间促进自我完善和发展。"整个人类的发展，就其超出对人的自然存在直接需要的发展来说，无非是对这种自由时间的运用，并且整个人类发展的前提就是把这种自由时间的运

---

[1] 曹玉涛. 论马克思的劳动自由观［J］. 郑州大学学报（哲学社会科学版），2006（1）.

用作为必要的基础。"①

2. 体面劳动与职业安全权

职业安全权为体面劳动战略目标的实现提供坚实基础，其保障作用体现在以下两个方面。

其一，职业安全权为劳动者提供安全的工作环境。安全卫生的工作环境是实现体面劳动的重要条件，体面劳动首先是安全的劳动。一百多年前，马克思就曾经说过：劳动者要坚持他们在理论上的首要的健康权利，雇主无论让劳动者从事什么工作时，都应该在其责任范围内出资使职业劳动避免一切不必要的、有害健康的情况……"劳动的卫生条件应当普遍地置于适当的法律保护之下，并且在每一个按其性质来说本来就不卫生的劳动部门，要尽量地限制那种对健康特别有害的影响。"②

生命是人存在的本源，健康是人最大的快乐，生命健康关乎劳动者的生死存亡，是体面劳动的底线。体面劳动战略目标的达成有赖于安全的职业劳动环境。安全的职业劳动环境包括物的安全和人的安全两个方面。物的安全指用人单位提供的厂房、设备、材料等都是无害的，不会对劳动者的健康造成伤害。人的安全指劳动者能够获得良好的劳动保护，生命安全和身体健康有足够的保障。职业安全权通过对物的安全和人的安全的全方位的保护，为劳动者创造安全的职业劳动环境。获得劳动安全卫生保护的权利要求用人单位必须尽到全面的安全保护义务，努力排除可能威胁劳动安全的危险因素；培训权是劳动者普遍享有的权利，也是用人单位应当承担的义务，在防范工业操作

---

① [德] 卡尔·马克思，弗里德里希·恩格斯 . 马克思恩格斯全集（第四十七卷）[M]. 北京：人民出版社，1972：216.

② [德] 卡尔·马克思 . 资本论（第一卷）[M]. 北京：人民出版社，2004：111.

意外事件的发生方面有不可替代的重要作用；拒绝权和紧急避险权赋予劳动者在出现危及生命安全和身体健康的紧急情形下，不执行用人单位指令以及离开工作岗位的权利，是对劳动关系从属性的积极修正。从整体上来说，安全卫生的职业劳动环境能够有效预防生产性事故和职业病的发生，促进劳动者各项权益的实现。

国际劳工组织总干事索马维亚曾经说过，体面劳动应当"为没有工作的人提供保护，为有工作的人提供职业安全和卫生"。现实生活中，有工作的人的职业安全和卫生状况并不总是尽如人意，工业事故和职业病问题仍然是世界范围内需要解决的问题。国际劳工组织一直致力于安全卫生职业劳动环境的建设。1985 年 6 月，在日内瓦举办的第 71 届国际劳工大会上，国际劳工组织明确提出保护工人免因工作患病和受伤，是国际劳工组织的重要任务，并在随后通过的第 161 号公约——《职业卫生设施公约》中规定：各会员国应当根据本国情况与劳动者组织协商，制定、实施、审查有关职业卫生设施的国家政策，并承诺为所有劳动者在所有企业中发展职业卫生设施，防止劳动风险的发生。

其二，职业安全权促进工作场所良好人文环境的形成。《体面的劳动》报告中指出："国际劳工组织当今的首要目标是促进男女在自由、公正、安全和具有人格尊严的条件下，获得体面的、生产性的工作机会。""人格尊严"无疑是报告中最为关键的词语，也是报告的最大亮点。"全部人类历史的第--个前提无疑是有生命的个人的存在。因此，第一个需要确认的事实就是这些个人的肉体组织以及由此产生的个人对其他自然的关系。"① 劳动者的生命健康权是其人格尊严实现

----

① ［德］卡尔·马克思，弗里德里希·恩格斯. 马克思恩格斯选集（第一卷）［M］. 北京：人民出版社，1995：67.

的重要基础，离开了生命和健康，劳动者的人格尊严无从谈起。职业安全权通过对劳动者生命健康权的保护，进而维护劳动者的人格尊严，本质上来说是对劳动者基本人权的保障。在自然生命基础之上，马克思认为赋予人以尊严的根本因素在于社会。"我凭借出生就成为人，用不着社会同意，可是我凭借特定的出生而成为贵族或国王，这就非有普遍的同意不可。只有得到同意才能使这一个人的出生成为国王的出生；因此，使这个人成为国王，是大家的同意而不是出生。"①

良好的职场环境包括两个层次，第一个层次是安全卫生的劳动环境，在安全卫生的劳动环境中劳动者无须担心生命健康受到侵害；第二个层次是舒适和谐的职场人文环境，让劳动者能够保持身心愉悦，全力投入创造自我价值和社会价值的劳动过程中。对于劳动者来说，工作场所良好的人文环境与自然环境同样重要。劳动者精神的愉悦程度，直接影响劳动者的自我判断和自我满足，"健康"一词，不仅指没有疾病或残疾，也包括健康的心理因素。舒适的工作环境会让劳动者感觉到被需要和被尊重，相反，艰苦的工作环境会让劳动者有人格尊严"减等"的感觉，不利于自我价值的实现。由于用人单位的硬件环境的不良因素导致的劳动者精神健康伤害，尤其是伴随于工伤、职业病、类职业病等身体伤害之精神损害，当然纳入职业安全权的保障范围。由于劳动者个体的差异，用人单位的软环境所带来的精神伤害应该限定在一般常人皆难以忍受的范围之内。② 职业安全权对劳动者精神法益的保障是"体面劳动"的题中应有之义。人是社会中的人，

---

① ［德］卡尔·马克思，弗里德里希·恩格斯. 马克思恩格斯全集（第三卷）［M］. 北京：人民出版社，2002：131-132.

② 冯彦君. 论职业安全权的法益拓展与保障之强化［J］. 学习与探索，2011（1）：107.

对精神法益的保障有时甚至比物质法益的保障更能够增强劳动者的主体意识，从而更加积极主动地维护自己的正当权益，促进"体面劳动"战略目标的顺利实现。

（三）和谐劳动关系中的职业安全权

劳动关系是当今社会最基本的社会关系，和谐的劳动关系是建设和谐社会的前提和基础。当前，我国劳动关系仍有诸多不和谐因素，如劳动安全事故多发、劳动利益分配不公、劳资力量差异巨大、劳动争议案件增加、劳动保障不力，等等。只有劳动关系实现公平正义，社会才能达到和谐完满，因此，建设和谐的劳动关系具有重大的现实意义。

1. 和谐劳动关系的界定

关于和谐劳动关系的概念，尚无通说。有学者认为："和谐劳动关系就是规范有序、公平合理、合作互利、充满活力的劳动关系。它是一种建立在经济利益及与经济利益密切相关的各种权利公平分配基础上的，劳动关系主体双方能各得其所、和谐相处的劳动关系。它是一种劳动关系主体双方相互尊重、相互理解、共存共赢的状态。"①《中华全国总工会关于开展创建劳动关系和谐企业活动的意见》中提出了和谐劳动关系的八条评价标准：严格依法执行劳动合同制度，劳动用工行为规范；建立平等协商和集体合同制度；依法保障职工劳动经济权益；全心全意依靠职工群众办企业，坚持完善职工大会和其他企业民主管理制度；尊重和维护职工精神文化权益；建立健全工会劳动保障法律监督组织和企业劳动争议调解组织；维护女职工和未成年职工的合法权益和特殊权益；建立健全工会组织。

---

① 秦建国. 和谐劳动关系评价体系研究 [J]. 山东社会科学，2008（4）：62.

《现代汉语词典》对"和谐"做这样的解释：和谐指配合得适当和匀称。和谐的劳动关系应当是处于相对均衡、协调、统一状态的劳动关系。和谐状态的劳动关系应当有以下特征。

（1）和谐劳动关系应当是各方力量均衡的劳动关系

劳动关系是劳动者与用人单位之间在职业劳动的过程中所形成的社会关系，劳动者和用人单位是劳动关系的主体双方。由于劳动关系具有从属性的典型特征，劳动者与用人单位之间的力量差距明显，劳动者处于身份和经济的双重弱势地位。在力量不平衡的状态下，劳资双方的利益也难以均衡。在经济全球化与贸易国际化的今天，资本的影响力和地位不断上升，劳资力量的对比越发失衡，以牺牲劳动者利益来换取经济发展的现象时有发生。通过壮大劳动者力量来平衡资本力量，通过保障劳动者权益实现双方利益的协调，这是和谐劳动关系的内在要求。劳动者团体的力量是劳动者力量的重要组成部分，而我国目前劳动者团体力量与发达国家相比有较大差距。通常情况下，劳动者团体力量较强的社会，国家干预的程度就会较弱，许多问题都通过集体协商加以解决。而如果劳动者团体力量薄弱，资本的力量强大，国家立法的干预程度就需要增强。

工会的性质和定位应当遵循以下几项标准：a. 工会只能是劳动者的团体，是一定人数以上的劳动者的集合，一般不允许雇主及其代理人加入工会；b. 工会不能有政治、经济目的，即工会是社会团体而非政治性或经济性组织，以改善劳动条件为基本任务；c. 工会有同雇主或其团体谈判和签订集体合同，监督雇主遵守劳动法律法规的权利，并且工会在与雇主的关系中受到法律的特别保护，雇主不得因劳动者加入工会或参加工会组织的活动而对其施以不利的行为。①

(2) 和谐劳动关系应当是法治化的劳动关系

党的十八大明确指出，要全面落实依法治国的基本方略，法治是治国理政的基本方式；要推进科学立法、严格执法、公正司法、全民守法，坚持法律面前人人平等，保证有法必依、执法必严、违法必究。法律作为调整劳动关系的主要手段，在构建和谐劳动关系的进程中起到不可替代的重要作用。维护劳动关系，保障劳动关系主体的利益，促进劳动过程的顺利实现，是劳动法的宗旨和任务。劳动者和用人单位作为劳动关系的双方主体，既有根本利益上的一致性，也有具体利益上的矛盾性，两者处于互相依存又对立统一的关系之中。

在尊重和保护劳资双方利益的基础之上，应当重点突出对劳动者利益的保护。这是因为用人单位的物质利益实质是资本的收益，是一种纯粹的经济利益；劳动者的物质利益是劳动者让渡劳动力使用权的回报，是劳动者生存和发展的物质基础，本质上是一种生存利益。生存利益在位阶上的优先性决定了劳动法应当对劳动者进行倾斜保护。法治作为人类社会文明的重要成果，不仅要求依"法"来治理国家，更要求依"良法"来治理国家。只有劳动法具有重点保护劳动者的品格和内涵，才能成为符合公平正义基本要求的良法。因此，国家在制定劳动法律时，要充分考虑劳动者的利益和诉求，尊重劳动者的主体地位，确保劳动法符合公众的普遍利益，符合社会的发展规律。

我国目前已经颁布实施的劳动法律法规有《劳动法》《劳动合同法》《安全生产法》《职业病防治法》《劳动争议调解仲裁法》等，这

---

① 郑尚元，李海明，扈春海. 劳动和社会保障法学 [M]. 北京：中国政法大学出版社，2008：90-91.

些法律法规是和谐劳动关系的法律保障，是全社会都应当严格遵守的行为指南。在执法层面上，劳动行政部门应当严格执法，并进一步加强劳动监察，确保用人单位侵犯劳动者权益的行为处罚到位。在司法层面上，应当不断完善劳动争议案件的调解和仲裁程序，可以实行"或裁或审""两裁终局""两审终审"的劳动争议处理程序①，在普通法院内部设立独立的劳动审判庭，提高劳动争议案件的审理效率。值得注意的是，和谐劳动关系并非没有矛盾的劳动关系，而是在处理矛盾和冲突时，应当力图法治化，而非政治化或行政化。目前我国劳资冲突的性质主要是经济冲突，并且大多数是由于劳动者权利被侵犯所引起的。如果政府完全站在企业的一边，特别是运用国家机器来介入劳资冲突，这种做法会将劳资矛盾转化为政府与工人的矛盾，后果极其严重。②

2. 和谐劳动关系与职业安全权

有学者经过研究认为，劳动关系和谐程度的评价标准主要有三个：劳动者就业及工资状况、劳动者就业环境及受保护程度、劳动者民主程度及发展前途。企业劳动关系和谐程度与影响因素之间的关系可以用这样的函数来表示：H（LR）＝f（W，C，D），H是企业劳动关系的和谐度，W是劳动者就业及工资状况，C是劳动者就业环境及

---

① "或裁或审"，是由劳动争议的当事人自由选择适用仲裁或诉讼程序，选择仲裁程序的前提是用人单位和劳动者之间有仲裁协议，仲裁实行两裁终局。没有仲裁协议时，当事人选择起诉，法院应当受理，诉讼实行两审终审。这种制度设计的合理性在于：仲裁的成本相对诉讼较低，且方便、及时，诉讼虽然成本高、时间长，但公信力较强，因此应当吸收两者的优点，让两者共存。"或裁或审"的制度设计能够充分尊重当事人的自主选择权，保障当事人诉权的实现。冯彦君，董文军. 中国应确立相对独立的劳动诉讼制度——以实现劳动司法的公正和效率为目标［J］. 吉林大学社会科学学报，2007（5）：104.

② 常凯. 劳动关系和谐：构建和谐社会的重要基础（上）［J］. 中国党政干部论坛，2007（5）：13.

受保护程度，D 是劳动者民主程度及发展前途。其中劳动者就业环境及受保护程度指的就是劳动者的劳动条件、劳动时间和社会保障状况。① 和谐劳动关系中，劳动者的职业安全必然得到保障，否则和谐劳动关系就会成为空谈。职业安全权与和谐劳动关系在以下两方面相辅相成。

（1）"以人民为中心"是职业安全权与和谐劳动关系共同的价值理念

马克思曾经说过，"任何历史记载都应当从这些自然基础以及它们在历史进程中由于人们的活动而发生的变更出发"②。劳动作为人有意识的生产和创造活动，把人同动物的本能活动区别开来。在劳动的过程中，人始终是能动的、现实的，人的类特征就是进行自觉的活动。"以人民为中心"的价值理念将人具有主观能动性和人与世界的物质统一性的基本观点，贯穿于社会发展论之中。

党的十九大报告明确指出："必须坚持人民主体地位，坚持立党为公、执政为民，践行全心全意为人民服务的根本宗旨，把党的群众路线贯彻到治国理政全部活动之中，把人民对美好生活的向往作为奋斗目标，依靠人民创造历史伟业。"将"以人民为中心"的理念作为我国社会发展的基本指南，对我国和谐劳动关系的建设具有重大意义。和谐劳动关系应当是理性、科学的劳动关系，是能够更好地实现劳动者主体价值的劳动关系。和谐劳动关系首先是为了人，为了所有参与劳动活动的人更好地实现劳动的目的，将劳资双方和社会有机地

---

① 贺秋硕. 企业劳动关系和谐度评价指标体系构建 [J]. 中国人力资源开发，2005(8)：75.

② ［德］卡尔·马克思，弗里德里希·恩格斯. 马克思恩格斯选集（第 1 卷）[M]. 北京：人民出版社，1995：67.

统一起来，努力实现劳动关系相关主体的良性互动。在为了人的基础上，和谐劳动关系能够促进人的发展，在和谐劳动关系中，劳资双方相互依存、相互协作，共同发展与进步。

职业安全权的确立，正是"以人民为中心"的指导思想在立法上的体现。经济建设固然重要，但一味地追求 GDP 总量及资本的高投入和高收益而忽视社会公平公正、忽视劳动者利益的做法无疑是本末倒置的。劳动者是社会生产力的基本创造者，任何一个国家经济的发展都离不开劳动者的不懈努力。企业组织体能够获得经济利益的根源并非资本而是劳动力，只有劳动才是剩余价值的源泉。因此，劳动者才是"本"，是企业盈利之本，是经济发展之本，是国家兴衰之本。

劳动者的职业安全从个体层面来看，关乎劳动者的生命安全和身心健康，是劳动者个人生存和发展的前提条件；从整体层面来看，关乎社会人力资源的再生与持续发展，关乎国家与民族的未来。职业安全权以法律的形式确认劳动者的安全与健康是社会认可的基本价值理念，体现了以人民为中心的发展思想和原则。职业安全权的顺利实现能够充分调动起广大劳动者进行劳动的积极性，激发劳动者的劳动潜能，让劳动者没有后顾之忧，全身心投入社会主义建设事业中。

（2）职业安全权为和谐劳动关系的建设提供重要支持

劳动关系的和谐稳定必然要求劳动者的职业安全权得到保障，职业安全既是劳动关系和谐稳定的前提和基础，也是评价劳动关系和谐程度的重要指标。

构建和谐劳动关系必须以劳动者权利为本位，完善职业劳动保护体系。我国《安全生产法》第三条规定："安全生产工作坚持中国共产党的领导。安全生产工作应当以人为本，坚持人民至上、生命至上，把保护人民生命安全摆在首位，树牢安全发展理念，坚持安全第一、预防为主、综合治理的方针，从源头上防范化解重大安全风险。"

"安全第一、预防为主、综合治理"是我国安全生产工作的指导方针。"安全第一"就是要把劳动者的安全和健康放在首位，努力减少职业劳动过程中的危险因素，不仅要强调用人单位的安全保护义务，更应当强调劳动者的职业安全卫生权利。"预防为主"应当充分发挥职业安全权的预防性保障制度功能，进一步完善劳动者的知情权、参与权、监督控告权的具体内容。劳动者最了解工作场所可能产生的风险，因此劳动者不仅是用人单位生产经营活动的直接参与者，更是自身利益的最佳代言人。完善劳动者对企业安全卫生事务的知情权和参与权，是预防职业灾害和减少劳动致病因素的有效途径。将"综合治理"作为安全工作的指导方针，标志着对安全生产工作的认识上升到新的高度，也是建设和谐劳动关系的内在要求。建设和谐劳动关系作为社会的一个大课题，需要综合运用法律、行政、经济等手段，充分发挥劳动者和社会公众的监督作用。职业安全权中的监督控告权赋予劳动者对用人单位劳动安全卫生状况进行监督的权利，在发现问题后可向有关部门投诉和控告，相关部门应当做出处理。职业安全权中的程序性权利在预防职业伤害、消除职业风险、保障劳动者人身权利方面起着不可替代的作用，可为安全、稳定、和谐劳动关系的建设提供重要支撑。

（四）企业社会责任视野下的职业安全权

1. 企业社会责任的含义

迄今为止，企业社会责任仍然是一个颇有争议的话题，企业作为纯粹的营利性组织，是否需要和需要承担多少社会责任值得探讨。《中华人民共和国公司法》第五条规定："公司从事经营活动，必须遵守法律、行政法规，遵守社会公德、商业道德，诚实守信，接受政府和社会公众的监督，承担社会责任。"由此可见，在我国，法律明确肯定企业是社会责任的承担主体，而非单纯的自利性组织。企业社会责任理论的集大成者，美国佐治亚大学的卡罗尔教授（Carroll）指出"企业社会责任是社会在特定时期对企业提出的经济、法律、道德和慈善方面的要求"①。我国有学者认为："所谓公司（企业）社会责任，是指公司（企业）不能仅仅以最大限度地为股东们营利或赚钱作为自己存在的唯一目的，而应当最大限度地增进股东利益之外的其他所有社会利益，这种利益包括雇员利益、消费者利益、债权人利益、中小竞争者利益、当地社区利益、环境利益、社会弱者利益及整个社会公共利益等内容。"②

2002 年，英国董事学会给企业社会责任下的定义是：企业和其他组织如何超越法律义务管理它们对环境和社会的影响，特别是组织如何和雇员、供应商、顾客及它们所在社区互动，以及它们保护环境的努力程度。③ 2003 年，世界银行提出：企业应当承诺与其员工、员工

---

① CARROLL A B. A three-dimensional conceptual model of corporate social performance [J]. Academy of Management Review, 1979 (4)：497-505.

② 刘俊海. 公司的社会责任 [M]. 北京：法律出版社, 1999：6-7.

③ 任荣明, 朱晓明. 企业社会责任多视角透视 [M]. 北京：北京大学出版社, 2009：19.

的家庭、当地的社区和更大范围的社会一起努力，采取对企业和社会发展均有利的措施来改善员工的生活质量，为经济的可持续发展做出贡献。企业社会责任是对传统企业角色定位的修正，要求企业改变以追求利润最大化为唯一目的的旧的思想和理念，积极增进受企业行为影响的相关主体的社会利益。但企业承担社会责任的范围不宜过分扩大，企业本质上仍是营利性的经济组织，将一些本属于政府的责任施加给企业并不科学。企业社会责任是复合型责任，包括经济责任、法律责任、道德责任等，在现代市场经济条件下，强调法律责任具有非常重要的现实意义。"企业的社会责任，就其本质和基础而言，主要是指企业对于社会所应承担的法律责任，就其责任范围而言，在企业外部主要是指企业对于环境保护所应承担的责任，在企业内部则主要是指对于企业劳动关系调整和劳工权益保护所应承担的责任。"①

2. 企业社会责任与职业安全权

在企业的生产经营活动中，劳动者和企业之间既存在根本利益的一致性也存在具体利益的矛盾性。劳动者作为企业的一部分，企业的生产效率高、经济效益好，有利于劳动者工资福利待遇的增加，从而提高基本生活水平。但另一方面企业以追求利润最大化为目的，必然要减少成本、节省开支的同时提高劳动生产率，这往往会影响劳动者的权利和利益。现代企业提高利润水平最有效的方式应当是引进和采用先进的设备、原材料和工具，运用科技手段和管理手段来提高劳动生产率。但在劳动力成本低且资源丰富、劳动密集型产业占主导地位的许多发展中国家，延长工作时间仍然是常态，劳动者的工作环境得

---

① 常凯. 论企业社会责任的法律性质 [J]. 上海师范大学学报（哲学社会科学版），2006（5）：36.

不到应有的保障。企业社会责任要求企业不仅要对股东负责，也要考虑受企业行为影响的相关主体的利益。

劳动者作为企业生产活动的直接参与者，其利益无疑是企业社会责任最主要的内容。劳动者的职业安全是劳动者生存利益的直接表现，维护并促进劳动者的职业安全是企业应当承担的社会责任。保护劳工具有道德上的正当性，但伦理上的正当性离不开法律的强化，将对企业的伦理要求上升为法律要求是现代国家的共识。在此意义上，企业的社会责任就是企业在劳动关系中应当承担的法律义务。在具体劳动关系中，雇用人应承担的义务首先是给付工资的义务，因为工资是雇主为取得劳动力的控制权而向劳动者支付的对价，支付工资是雇主在财产法上的义务。

与给付工资义务同样重要的是雇主对劳动者的保护义务。劳动关系的成立意味着劳动者愿意将对自己劳动行为的控制权移交给雇主，控制权的转移通过劳动合同的签订而具有了形式上的合法性。这种带有人格从属性的劳动关系决定雇主负有保护劳动者人格利益的根本义务，包括对劳动者的生命、健康、身体、精神、尊严的保护。为劳动者提供良好的工作环境，保障劳动者的职业安全，是企业社会责任的基本要求。任何一种责任只有法律化以后才具有现实性，职业安全权通过法律的强行性规定，将企业保护劳工的伦理责任转化为法律责任，促进劳动者相关利益的实现。全球首个可由第三方认证的道德规范国际标准——SA 8000（Social Accountability 8000 International Standard）2014版规定：企业出于对普遍行业部门的健康与安全知识和任何具体危险的了解，应提供一个安全、健康的工作环境，并应采取有效的措施，最大限度地降低或消除工作环境中的危害隐患，以避免在工作中或由于工作发生或与工作有关的事故对健康的危害；若在工作场所内有效地最小化或是消除所有危险的根源后如还存在危险时，企业应为员工提供适当的个人保护装置。员工因工作受伤时，组织应提供急救并协助工人获得后续的治疗。

强调企业的社会责任并非要忽略用人单位的正当利益。在市场经济条件下，用人单位的利益主要体现为资本的利益。资本作为生产的基本要素，是社会生产力发展和财富积累的前提和基础。资本不运行，社会生产力就无法发展，社会财富也难以积累。尊重和保障资本的利益既是社会的需要，也是劳动法的基本任务之一。"资本的利益集中表现在利润的获取水平上。在劳动法上，资本的利润水平与劳动者的工资水平存在着一定的牵连关系，保障提高劳动者的工资水平必须考虑资本的利润水平，使这两者利益达到相对的平衡。"[①]

企业作为依法设立的经济利益共同体组织，是社会生产的基本单元。劳动者作为企业组织体的一部分，其利益与企业的利益休戚相关。"由于能否应对激烈的市场竞争关乎企业的生存与发展，从而直接影响着劳资双方的切身利益，因而劳资双方需要相互合作、彼此信赖和忠实，在维护企业的生存、推动企业发展中实现着彼此的利益。"[②] 那种认为劳资对立是劳动关系本质特征的观点忽视了劳动关系的伦理性和劳资双方的相互依赖性。企业主动承担社会责任，不仅有利于劳动关系的和谐稳定，在增加职工劳动积极性的同时，有助于科技创新和单位时间产出量的提高，从而促进企业长期战略目标的实现。保护劳工是合作共赢劳动关系的基本要求，劳动者职业安全权的顺利实现需

① 冯彦君.劳动法学 [M].长春：吉林大学出版社，1999：47-48.
② 秦国荣.无固定期限劳动合同：劳资伦理定位与制度安排 [J].中国法学，2010 (2)：173.

要劳资双方的共同努力，特别是以劳动者民主参与为主要内容的知情权、参与权、监督权等程序性权利，不仅需要用人单位的积极作为，也需要劳动者提高权利意识，增强对权利的信仰，主动维护并合理运用所享有的权利。

第二章

职业安全权的构造解析

一、职业安全权的主体

权利是当代法律的核心内容，是不可回避的时代主题。"从最普遍的角度来看，权利之所以重要，是因为它借助法律地位或传统地位赋予人们以特殊的能力。这就是说，作为自己的地位的结果，人们可以拥有进行某种特殊行为的资格或机会（某种权力）。"① 权利的行使以主体的存在为前提，"没有法律主体这个概念，权利也不可能存在，法律主体的骨髓中附着的是义务之肉和无色的权利之血"②。在契约化不断深入的进程中，劳动者与用人单位主体地位的确立是劳动关系法治化的重要标志。改革开放以来，用人单位的市场经济主体地位得以逐步确立，与此相对，劳动者的主体地位却始终晦暗不明。劳动者权利的实现有赖于劳动者独立主体地位的明确，对劳动者主体地位的漠视必然导致劳动者权利无法得到充分的保护。

---

① ［澳］巴巴利特. 公民资格［M］. 谈谷铮，译. 台北：桂冠图书股份有限公司，1991：22.

② ［美］科斯塔斯·杜兹纳. 人权的终结［M］. 郭春发，译. 南京：江苏人民出版社，2002：3.

（一）职业安全权的权利主体

职业安全权的权利主体是劳动者。"劳动者"一词，有一般意义和法律意义之分，一般意义上的劳动者可以泛指全体公民，包括在各行各业从事日常工作的人。法律意义上的劳动者究竟包括哪些主体是一个颇为复杂的问题。由于不同部门法的规定有所差别，劳动者的概念各不相同。甚至在同一部门法中，劳动者的内涵都不尽相同。比如宪法上的劳动者就有以下几种含义：与剥削阶级相对的阶级群体；①具有劳动能力的劳动者；② 劳动关系中的劳动者。③

多数情况下，法律意义上的劳动者指劳动法意义上的劳动者。关于劳动法上劳动者的确切含义，多有不同看法。有学者认为："'劳动者'应当具备劳动契约、从属关系、职业活动和有偿劳动四个要素。"④ 有学者指出："劳动法上劳动者之本质既非契约，也非身份，我们应当从诸多表征中去凝练我们对劳动法上劳动者的本质认识。而在社会生活中的'工人'恰恰表明了劳动者之本质，转化为劳动法上之术语，可界定为'产业受雇人'。"⑤ 有学者认为对于"劳工"的定

① 《中华人民共和国宪法》（以下简称《宪法》）序言中写道："社会主义的建设事业必须依靠工人、农民和知识分子，团结一切可以团结的力量。在长期的革命和建设过程中，已经结成由中国共产党领导的，有各民主党派和各人民团体参加的，包括全体社会主义劳动者、社会主义事业的建设者、拥护社会主义的爱国者和拥护祖国统一的爱国者的广泛的爱国统一战线。"
② 《宪法》第四十二条规定："中华人民共和国公民有劳动的权利和义务。国家通过各种途径，创造劳动就业条件，加强劳动保护，改善劳动条件，并在发展生产的基础上，提高劳动报酬和福利待遇。劳动是一切有劳动能力的公民的光荣职责。国有企业和城乡集体经济组织的劳动者都应当以国家主人翁的态度对待自己的劳动。"
③ 《宪法》第四十三条规定："中华人民共和国劳动者有休息的权利。国家发展劳动者休息和休养的设施，规定职工的工作时间和休假制度。"
④ 周长征. 劳动法中的人——兼论"劳动者"原型的选择对劳动立法实施的影响[J]. 现代法学，2012（1）：103.
⑤ 李海明. 论劳动法上的劳动者[J]. 清华法学，2011（2）：115.

义需注意以下几点：劳工是基于私法契约而成立的劳动关系的当事人，基于公法契约成立的劳务关系并非劳工；非基于私法契约而成立的劳动关系，不是劳动法保护的对象；所提供的必须是劳务；自由职业者并非劳动法所保护的对象；服从指示；纳入生产组织。① 关于劳动者主体的界定，有学者一语中的："'从属关系'应为界定劳动者主体身份的核心要素。"② 我国劳动立法界定劳动者的思路是通过界定用人单位间接界定劳动者。③ 那么职业安全权法律关系中的"劳动者"，是劳动法意义上的劳动者，还是宪法意义上的劳动者抑或其他法律意义上的劳动者，究竟应当包括哪些主体？

从职业安全权的产生和发展历程来看，各国皆主要通过劳动法对其进行保障。我国《宪法》第四十二条从宏观上对国家在保护劳动者劳动安全方面应尽的职责做了规定。而劳动保护的各项规则和具体标准需要通过劳动安全卫生法加以明确，如《中华人民共和国安全生产法》（以下简称《安全生产法》）和《中华人民共和国职业病防治法》（以下简称《职业病防治法》）等法律。因此，职业安全权法律

---

① 黄越钦. 劳动法新论 [M]. 北京：中国政法大学出版社，2003：99-100.

② 对于从属劳动的解释，应当采取"人格从属性与经济从属性复合"的标准，以人格从属性为主要判断，以经济从属性为辅助判断。对于人格从属性和经济从属性的标准，可参照日本法上的"使用从属性"标准。主要包括：1. 雇主能够单独决定劳动者的工作时间、工作地点、具体的工作任务以及劳动条件。此种情形下，当然纳入劳动者范围。2. 雇主有对劳动者的惩戒权。此种情形下，原则上也应纳入劳动者范围。3. 劳动提供者的劳动具有专属性。劳动者应当自己提供劳动，不得由他人代为劳动。如果劳动者无须自行向雇主提供劳动，而是可另聘他人代为劳动，则由于免受雇主指示权的约束，欠缺人格从属性，从而不应纳入劳动者范围。4. 雇主对劳动报酬具有相当大的自主权。并且该劳动报酬与劳动提供者提供的劳动具有"对价性"。吕琳. 论"劳动者"主体界定之标准 [J]. 法商研究，2005（3）：30.

③ 《劳动合同法》第二条规定："中华人民共和国境内的企业、个体经济组织、民办非企业单位等组织（以下称用人单位）与劳动者建立劳动关系，订立、履行、变更、解除或者终止劳动合同，适用本法。国家机关、事业单位、社会团体和与其建立劳动关系的劳动者，订立、履行、变更、解除或者终止劳动合同，依照本法执行。"

关系中的劳动者主体范围当然包括劳动法意义上的劳动者。值得探讨的一个问题是公职人员是否应当享有职业安全权。公务员在我国是指依法履行公职、纳入国家行政编制、由国家财政负担工资福利的工作人员。① 公务员作为一类特殊主体，具有双重身份。一方面作为普通意义上的劳动者，公务员也是通过劳动来获得工资和收入，供养自己及家庭成员。因此，应当享有基本的劳动权利，也应承担基本的劳动义务。另一方面，作为国家机关工作人员，公务员按照法律的规定履行公共管理职能，享有为保障工作顺利完成的法定权利和义务。对于公务员是否适用劳动法，世界各国主要有以下两种规定。一是规定公务员适用劳动基本法，如美国、日本、英国、德国、瑞士等国。在劳动基本法的基础上，为了调整基本劳动权利和劳动义务以外的权利义务，政府专门制定公务员法或公务员单行条例等。二是虽然有劳动法典，但国家公务人员不适用劳动法，比如法国、墨西哥、阿根廷、埃及等。墨西哥公职人员的录用、考核、社会保险等事项均由专门法律加以规定。埃及公职人员的各项权利义务由《国家文职工作人员法》以及一些单行法规进行规定。

　　我国的公务人员不属于劳动法意义上的劳动者，其与单位的关系由专门的公务员法和公务员条例加以管理。公职人员不属于劳动法上的劳动者，并不表示其不能享有职业安全权。从权利属性上来看，职业安全权既是劳动权利，又是基本人权，不应因主体身份的不同而区别适用。"尽管公务人员与作为雇主的国家之间是基于公法契约形成的关系，与劳动者与用人单位之间基于私法契约形成的关系具有较大

----

① 参见《中华人民共和国公务员法》第二条。

区别，但是，公务人员与劳动者在享有安全工作环境方面的权利是相同的。"① 同理，新业态从业者作为非标准化劳动关系中的"类雇员"，也应当享有职业安全权。我国已批准的 1981 年《职业安全和卫生及工作环境公约》第二条明确规定该公约适用于所覆盖的经济活动的各个部门中的一切工人。第三条指明："经济活动部门"一词涵盖雇用工人的一切部门，包括公共机构；"工人"一词涵盖一切受雇人员，包括公务人员。

除享有权利外，劳动者也承担相应的义务。首先，劳动者应当对自己在劳动过程中的安全和健康负责。这就要求劳动者必须遵守劳动保护的相关要求，认真学习安全完成工作的方法，同时要能够正确使用劳动防护用品和集体保护工具。其次，劳动者应当对同事和劳动相关人员的安全和健康尽到法定的注意义务。当发生劳动安全事故时，应当第一时间向受害者提供力所能及的救助。最后，劳动者应该对发现的劳动过程中的危险进行报告。发现任何有可能威胁工作场所人员的生命和健康的危险情形，应当立即通知部门管理者或上级领导。如果劳动者违法这些规定，可能产生私法上的基于积极违约的损害赔偿请求权，并且由于违反作为义务而进行的解约可能被认为有正当理由。另外，也可以考虑此种情况下针对劳动者的公法上的措施。②

（二）职业安全权的义务主体

1. 用人单位

用人单位，在许多国家也被称为雇主，指劳动力的使用者。根据我国劳动立法的规定，狭义的用人单位包括企业、个体工商户、民办

---

① 范围. 工作环境权研究 [M]. 北京：中国政法大学出版社，2014：41—42.
② ［德］W. 杜茨. 劳动法 [M]. 张国文，译. 北京：法律出版社，2003：175.

非企业单位等。《劳动合同法》第二条规定国家机关、事业单位和社会团体和与其建立劳动关系的劳动者，订立、履行、变更、解除或者终止劳动合同，依照本法执行。因此，广义上的用人单位还包括国家机关、事业单位和社会团体。与劳动者主要是职业安全权的权利主体不同，用人单位主要是作为职业安全权的义务主体而存在。

劳动法上，雇主的义务主要包括以下四个方面：报酬给付的义务——工资义务；保护照顾义务；提供经济地位向上之义务；对受雇人智慧财产权之保护义务。① 工资给付义务是用人单位的主给付义务，因为工资是劳动关系双方对价的核心，这一点并无争议。对于保护照顾义务是主给付义务还是附随义务，抑或其他义务，有不同的看法。有学者认为，将保护照顾义务认定为附属义务的主张仍然没有脱离以财产为中心的思想窠臼，将伦理关系视为附属性拘束力，违反时并不至于构成债务不履行的效果。事实上保护照顾义务是与工资给付、劳务提供同样重要的主给付义务。② 有学者认为，相对于主给付义务，忠实义务、照顾保护义务等被合称为附随义务。③ 还有学者认为："雇主体谅照顾义务是雇员忠实义务的对立面，它涉及的是雇主相应的体谅义务。因此体谅照顾义务和忠实义务的内容一样。从特别附属义务的角度看，照顾义务继续丧失其作为独立法律基础的功能。"④

本书赞同如下观点：雇主的保护照顾义务并不是与劳动者忠诚义务相对应的附随义务，而是基于劳动契约本质的主给付义务。劳动契约以从属性为主要特色，劳动者人格上的从属性决定其无法自主确定

① 黄越钦. 劳动法新论［M］. 北京：中国政法大学出版社，2003：176-181.
② 黄越钦. 劳动法新论［M］. 北京：中国政法大学出版社，2003：36-37.
③ 黄茂荣. 债法各论（第一册）［M］. 北京：中国政法大学出版社，2004：145.
④ ［德］W. 杜茨. 劳动法［M］. 张国文，译. 北京：法律出版社，2003：71-72.

劳动的具体内容，自由行动权受雇主指示命令权的压抑，工作环境中的危险因素主要由雇主控制。此种人伦关系决定了雇主必须对劳动者的人格权益进行保护。如果说人格从属性是劳动关系区别于其他社会关系的主要特征，这种人身依附关系所衍生的保护照顾义务应为用人单位的主给付义务。

用人单位对劳动者在职业安全方面的保护义务主要体现在对劳动者人格权的保护，包括对劳动者的生命权、健康权、身体权、人格尊严、人身自由的保护。具体内容主要有：向劳动者提供符合劳动安全卫生标准的劳动条件；对劳动者进行劳动保护教育和劳动保护技术培训；建立和实施劳动保护管理制度；保障职工休息权的实现；为女职工和未成年职工提供特殊劳动保护；接受政府有关部门、工会组织和职工群众的监督。①

俄罗斯劳动法规定雇主必须承担保障安全条件和劳动保护的公法和私法上的义务，主要包括在建筑物、设施、设备的运营，工艺流程的运行，以及在生产中使用工具、原料和材料时员工的安全；在每个工作地点都具备符合劳动保护要求的劳动条件；员工的作息制度符合劳动法的规定；传授完成工作的安全方法，对生产中的受害者提供第一时间救助，进行劳动保护指导，并进行实习和检查；不允许未通过规定程序学习劳动保护知识的人参加劳动；不允许员工在未通过强制性体检、强制性精神疾病检查和医学禁忌的情况下履行劳动义务；将工作地点的劳动条件和劳动保护情况、损害健康的风险及员工应得的补偿、个人措施告知员工；向国家劳动监察相关机构提供企业遵守劳动法律法规情况的必要信息和文件；为员工提供生活保健和预防治疗

---

① 王全兴. 劳动法（第三版）[M]. 北京：法律出版社，2008：321.

服务，将需要医疗帮助的员工送往医疗机构；不妨碍行政机关和其代表检查劳动条件和劳动保护及调查生产事故和职业病；在听取基层工会和相关机构的意见后，按照劳动法规定的程序拟订和批准对员工的劳动保护的规则和细节等等。①

欧盟第89/391号指令规定雇主的义务包括：应当认真评估所有可能对劳动者健康与安全造成危险的因素，尤其是在工作设备的选择方面；用人单位的各级机构都应当实施有利于改善劳动者保护条件的措施；为劳动者分配工作任务时充分考虑其能力和健康安全状况；引入新技术前应当充分咨询劳动者的意见；发生劳动安全事故后对劳动者进行第一时间的救助；起草并保存劳动安全事故清单，向主管当局报告劳动者所遭受的生产事故；通知、咨询并同意劳动者参加所有关于职业安全健康的讨论；确保每名劳动者获得充分的安全健康培训。

2. 国家

国家与用人单位两者虽然皆为职业安全权的义务主体，但国家的义务更多地表现为一种管理的义务。总体上看，国家在劳动安全方面的职责主要包括：制定法律法规，建立相关标准和制度；检查监督用人单位执行劳动安全卫生法律；纠正用人单位的违法行为，追究法律责任。按照时间和空间的二维划分，可以将劳动安全卫生实体法分为两部分：一是关于劳动者时间环境的规制法，如工作时间和休息休假制度；二是关于劳动者空间环境的规制法，劳动者空间环境权立法的重心是工作场所安全卫生设施的标准化。安全卫生设施在劳动安全卫生实体法中居于核心地位。②

---

① 俄罗斯联邦劳动法典 [M]. 蒋璐宇，译. 北京：北京大学出版社，2009：122-125.
② 郑尚元，李海明，扈春海. 劳动和社会保障法学 [M]. 北京：中国政法大学出版社，2008：304.

在安全卫生设施的管理方面，国家拥有多方面的职权，主要包括行政许可职权、监督检查职权和事故处理职权。安全卫生设施的行政许可职权是审查用人单位的安全卫生设施是否符合法律规定的行政准入制度，也包括对特种设备生产使用的审批制度和特种企业的审批制度；安全卫生设施的监督检查职权是国家主管机关在劳动安全卫生方面的主要职权，安全卫生设施监督检查的效力包括责令改正和停产整顿；事故处理职权是对安全生产事故和职业病状况进行统计、报告和处理的职权，县级以上各级人民政府劳动主管部门应当依法对安全生产事故和劳动者的职业病情况进行全面的统计和管理。

国际劳工组织《职业安全和卫生及工作环境公约》规定各国主管当局应当确保并且逐步行使以下六项职能："在危险的性质和程度有此需要时，确定企业设计、建设和布局的条件、企业的交付使用、影响企业的主要变动或对其用途的修改、工作中所用技术设备的安全以及对主管当局所定程序的实施；确定哪些工作程序及物质和制剂应予禁止或限制向其暴露，或应置于各主管当局批准或监督之下；应考虑同时暴露于几种物质或制剂对健康的危害；建立和实施由雇主，并在适当情况下，由保险机构或任何其他直接关联者通报工伤事故和职业病的程序，并对工伤事故和职业病建立年度统计；对发生于工作过程中或与工作相关的工伤事故、职业病或其他一切对健康的损害，如反映出情况严重，应进行调查；每年公布按本公约第四条提及的政策而采取措施的情况及在工作过程中发生或与工作有关的工伤事故、职业病和对健康的其他损害的情况；在考虑本国情况和可能的情况下，引进或扩大各种制度以审查化学、物理和生物制剂对工人健康的危险。"欧盟第89/391号指令第四条规定，各成员国应当采取必要的措施"来保证雇主、劳动者以及劳动者代表受本指令实施所需的法律规定的约束"。但最终的责任必须属于保证"适当监控"的成员国。虽然第 89/391 号指令没有明确规定各成员国应当为劳动者提供能够进行求助的司法程序,在劳动者没有获得第 89/391 号指令授权的情况下,各成员国必须提供相应的救济来保障第 89/391 号指令的全面实施,此为欧共体法的基本原则。①

职业安全权的各主体之间存在着一定的牵连关系,如国家和用人单位两者之间形成了公法上的管理和服从关系,国家和劳动者之间则是社会法上的保护和受益关系。劳动保护问题在本质上是社会问题,无法由劳动者或雇主单独解决,必须借助国家的力量,建立相应的保障制度和配套制度来降低劳动过程中的风险。私法契约形式上的平等难以掩盖事实上的不平等,经济与人格的双重从属决定了劳动者天生的弱者地位,自由放任的政策只会使强者更加肆无忌惮地欺凌弱者。对契约自由原则加以修正的必要性诱发了新的社会法领域②,"以维持这种社会经济弱者阶层的生存及其福利的增进为目的的诸法律在学术上按体系分类,称为'社会法',并被试图加以体系化"③。劳动法即

① [英] 凯瑟琳·巴纳德. 欧盟劳动法(第二版)[M]. 付欣,译. 北京:中国法制出版社,2005:423.

② 社会法作为实在法产生丁后市场经济时代,是在二十世纪中后期建立的现代法律制度。在社会经济发展和文明进步的同时,弱势群体的产生、贫富差距的扩大等问题也随之出现。这些社会问题所衍生的社会关系的法律调整使新型法律的产生成为必要和可能。社会法律关系主体是国家、特定社会团体和受保护的自然人,保护的对象是社会弱势群体之自然人。社会法不仅仅专指社会保障法,随着经济社会的发展,社会法的外延有可能进一步拓展。郑尚元. 社会法的定位和未来 [J]. 中国法学,2003 (5):124;郑尚元. 社会法的存在与社会法理论探索 [J]. 法律科学,2003 (3):40. 劳动法具有鲜明的社会法属性,劳动法的调整对象包括职业劳动关系和附随劳动关系两部分,其中职业劳动关系是劳动法调整的核心。劳动法的神圣使命在于对职业劳动关系中的弱者——劳动者的倾斜保护,对实质平等的追求是劳动法社会正义性的体现。

③ 梁慧星. 民商法论丛(第8卷)[M]. 北京:法律出版社,1997:186.

为典型的社会法，国家对劳动者职业安全权的保障从表层上看是对劳动者生命健康权以及劳动力资源可持续发展的保护，从本质上看则是对社会整体利益的维护。对劳动者这一弱势群体生存利益的保障体现了人类对社会公平和正义的不懈追求。

二、职业安全权的客体

（一）客体一般理论之借鉴

职业安全权的客体，是主体需要的、职业安全权所指向的对象。职业安全权的客体究竟为何，我国可供参考的文本资源极少。职业安全权是劳动者的重要权利，而劳动者又是劳动法律关系的一方主体，有关劳动法律关系客体的讨论可为此提供参考，以下列举四种颇有影响力的观点。

1. 劳动法律关系的客体是劳动行为

持此种观点的学者认为劳动法律关系的基本内容是劳动者通过劳动法律关系提供自己的劳动，用人单位通过劳动法律关系使用劳动者提供的劳动。劳动是其他权利义务的基础，没有劳动就无所谓权利义务。"劳动法律关系的客体是劳动活动，或劳动行为。"[①] 有学者提出，与民事法律关系、经济法律关系的客体具有多样性不同，劳动法律关系客体具有单一性的特点，劳动法律关系的客体只能是劳动者的劳动行为。劳动者在实现社会劳动过程中的劳动行为，可分为完成一定工作成果的行为和提供一定劳务活动的行为。[②]

---

① 吴超民. 劳动法通论 [M]. 武汉：华中师范大学出版社，1988：69.
② 李景森，贾俊玲. 劳动法学 [M]. 北京：北京大学出版社，2001：51.

2. 劳动法律关系的客体是劳动力

劳动法律关系是劳动者有偿让渡劳动力使用权后发生的法律关系。劳动者作为劳动力的所有者，有偿向用人单位提供劳动力，用人单位通过支配和使用劳动力来创造社会财富。劳动者与用人单位双方权利义务所共同指向的对象就是那种蕴含在劳动者体内，只有在劳动过程中才能发挥出作用的劳动力。劳动者是主体，劳动力是客体，劳动力和劳动力的所有者在经济意义上的分离决定了劳动法律关系的私法因素；劳动力与劳动者自然状态上的不可分离，又决定了国家必须对劳动法律关系进行干预，这是劳动法律关系的公法因素。"明确劳动力是劳动法律关系的客体，将对劳动法学体系的建立产生积极的影响。"①

3. 劳动法律关系的基本客体是劳动行为，辅助客体主要是劳动条件

劳动行为是劳动者为完成用人单位安排的工作任务而付出劳动力的活动。在劳动法律关系存续期间劳动行为连续存在于劳动过程之中，主要承载用人单位的利益。劳动行为而非劳动力成为劳动法律关系客体的原因是：劳动力有潜在形态和外在形态之分，能够被用人单位用来同生产资料相结合的只能是外在形态的劳动力。外在形态的劳动力即劳动行为。劳动条件是劳动法律关系的辅助客体，指劳动者因付出劳动力有权获得的、用人单位因使用劳动力有义务提供的、劳动力的使用和再生产所必需的各种条件。作为劳动法律关系客体的劳动条件，有不同的表现形式如物、技术、一定状态等。劳动条件的主要特征包括：首先，从属并受制于劳动行为，劳动条件作为劳动法律关

① 董保华．试论劳动法律关系的客体［J］．法商研究，1998（5）：33.

系的客体，或者是实施劳动行为的必要条件，或者是实施劳动行为的必然结果，从属于劳动行为而存在；其次，劳动条件主要承载或体现劳动者的利益，是劳动力再生产的基础，劳动条件一般由用人单位提供，而归劳动者获取或支配。①

4. 劳动法律关系的客体是劳动力和劳动行为

首先，在劳动力的让渡过程中，招聘者与求职者权利义务共同指向的对象是附着于求职者身上的潜在劳动力；其次，在劳动力的使用过程中，劳动者与用人单位权利义务指向的对象是劳动行为；最后，在劳动力的保护过程中，劳动者与用人单位双方权利义务共同指向的对象既包括静态的劳动力，也包括动态的劳动行为。因此，完全把劳动力排除在劳动法律关系客体范围之外的观点并不可取，劳动力和劳动行为共同构成劳动法律关系的双重客体。但这两种客体相互之间并非截然分离的，劳动力和劳动行为是劳动能力静态和动态的两个方面，并且会经常处于互相转化甚至互相胶着的状态。劳动力和劳动行为是一个具有内在联系的客体体系，它们作为一个有机整体共同反作用于当事人的利益关系。②

（二）本书的观点

上述几种观点均有一定的立论基础，劳动法律关系的客体主要集中于劳动行为和劳动力上，在此，有必要厘清这两个概念，一是劳动行为，二是劳动力。劳动行为一般指劳动者运用劳动力的活动和过程，"劳动行为"是一个描述劳动力运动形态的词语。③ 至于劳动力，有学

---

① 王全兴. 劳动法（第三版）[M]. 北京：法律出版社，2008：66-67.
② 许建宇. "双重客体说"：劳动法律关系客体再论 [J]. 法治研究，2010（11）：63.
③ 王全兴. 劳动法（第三版）[M]. 北京：法律出版社，2008：66.

者认为，它是人在进行劳动时所表现出的能力。劳动力表示的是在劳动过程中的全部人力与物力所展示的力量，即人力与物力在劳动过程中的结合。劳动力就其本质来说是在社会的特定发展阶段中，人类所能达到的总体能力水平。① 马克思认为劳动力或劳动能力，可以理解为人的身体即活的人体中存在的，每当人生产某种使用价值时就运用的体力和智力的总和。② 从马克思的论断中可以看出劳动力的内容是劳动能力，劳动能力是由人的体力和智力构成的，缺一不可。体力是人运用肌肉和骨骼所能发出的能力，智力是人运用大脑认识事物和解决问题的能力。在精神健康完好的情况下，人的劳动行为由智力支配，因此劳动能力本质上由智力决定。简而言之，劳动行为是劳动能力的外在表现形式，劳动能力决定劳动行为。

劳动力确有潜在形态和外在形态之分，通常情况下能够被用人单位拿来同生产资料相结合的是劳动者的劳动行为，即劳动力的外在形态。问题在于一方面劳动力的潜在形态和外在形态很难截然分开，两者之间经常相互转化；另一方面劳动力的潜在形态和外在形态以劳动者的身体为共同的物质载体。总体上来看，劳动力或劳动能力与劳动行为相比更适宜成为劳动法律关系的客体，即劳动权利和劳动义务所指向的对象。职业安全权的客体是劳动力，更详细地说是劳动者的人身安全。职业安全权的各项具体权利均以保护劳动者的人身安全为根本宗旨，通过对劳动者生命安全和健康安全的有力保障，促进劳动力资源的可持续发展，并最终达成人与社会协调发展的理想目标。

---

① 余金成. 马克思"两大发现"与现实社会主义 [M]. 天津：天津社会科学院出版社，2000：38-39.
② [德] 卡尔·马克思，弗里德里希·恩格斯. 马克思恩格斯全集（第二十三卷）[M]. 北京：人民出版社 1972：190.

三、职业安全权的内容

职业安全权的内容，即职业安全卫生权利和职业安全卫生义务。职业安全权的权利主体是劳动者；义务主体首先是用人单位，其次是国家。当劳动者享有某一项具体权利时，用人单位相对应地就需要承担某一项具体义务。国家虽然也承担劳动安全卫生保护义务，但与用人单位相比，国家侧重于宏观上的监管和救助。可以说，用人单位是职业安全保障方面首要的义务主体，各项职业安全卫生保护义务主要由用人单位承担。关于职业安全卫生权的内容，劳动法学界已有总结。

职业安全权是一个权利束，其中所含的权利既有一致性又有独立性。从权利的内容和结构分析，既有个体性权利如拒绝权，也有集体性权利如建议权；既有实体性权利如紧急避险权，又有程序性权利如民事索赔权；既有劳动过程中的权利如知情权，也有劳动过程之外的权利如工伤保险权、培训权等。①

职业安全卫生权至少应包括以下各项权利：安全卫生知情权；安全卫生工作条件权，包括工作场所的环境、设备、设施、劳动防护用品以及与职业安全相适应的管理组织与技术措施；安全卫生受训权；安全卫生监督权，包括建议权、批评权和检举权；安全卫生控告权；拒绝危险作业权；紧急避险权；获得安全卫生救助权；职业健康监护权；安全卫生特殊保护权；工伤保险权；民事赔偿权。②

本书认为，职业安全权是一个由多项权利组成的权利体系，实践中由于各个国家国情与社会保障水平的不同，职业安全权的内容也并

---

① 郭捷．论劳动者职业安全及其法律保护 [J]．法学家，2007（2）：9.
② 刘超捷，傅贵．论职业安全卫生权 [J]．学海，2008（5）：121.

非完全相同。按照权利性质的不同，可以将职业安全权划分为实体性权利和程序性权利两类。

（一）职业安全权的实体性权利

职业安全权的实体性权利主要包括以下几方面。

1. 获得劳动安全卫生保护的权利

这是职业安全权过去、现在和将来的核心内容，也是劳动者最基本的安全卫生需求。一方面，用人单位应当保证建筑物、机器、设备的安全性，以防止劳动者在生产过程中受到伤害。用人单位对工作场所内的安全卫生设备负有不可推卸的义务。首先，单位内的安全卫生设备必须符合国家的有关规定，企业应当严格执行国家劳动安全卫生标准和程序。有学者总结了用人单位在安全卫生设施方面的具体义务，主要包括：防止机器、设备、器具等引起的危害；防止电、热、水、火等其他能量引起的危害；防止辐射、噪声、高低温等引起的危害；防止原材料、粉尘、化学物质、气体、病原体等引起的危害；防止采掘、装卸、搬运、采伐等作业引起的危害；防止监视仪表、精密作业等引起的危害；防止有坠落、崩塌、爆炸等风险的工作场所引起的危害等。① 其次，用人单位应当对安全卫生设备进行定期检查、维修、保养，维持安全卫生设备工作中的有效性，不得使用国家明令禁止或淘汰使用的安全生产工艺和设备。用人单位应当按时对安全卫生设施进行交付，我国《安全生产法》规定，生产经营单位新建、改建、扩建工程项目的安全设施，必须与主体工程同时设计、同时施工、同时投入生产和使用。安全设施投资应当纳入建设项目概算。另一方面，用人单位应当配发适宜的劳动者个人和集体的保护工具。按人体

---

① 黄越钦. 劳动法新论［M］. 北京：中国政法大学出版社，2003：441-442.

生理部位分类，包括对头面部、眼部、呼吸系统、听力系统、手部和脚部的防护。我国《劳动法》第五十四条规定："用人单位必须为劳动者提供符合国家规定的劳动安全卫生条件和必要的劳动防护用品，对从事有职业危害作业的劳动者应当定期进行健康检查。"

2. 培训权

为了提高劳动者的操作水平和实际工作能力，预防和避免劳动过程中的意外伤害，用人单位应当对劳动者进行安全卫生方面的指导和培训。同时，为了保证自身及劳动相关人员的健康与安全，劳动者有义务自觉接受并认真学习用人单位组织的教育和培训。劳动者在参加培训期间，应当享受正常的工资待遇。用人单位组织劳动安全卫生培训，不应当收取费用。这是因为在劳动法上，即使雇主在设备、设施方面尽一切注意义务，但在发生危险之后，其并不能免责。消灭雇佣关系中的工业风险，是雇主对雇员应尽的保护义务，这就要求雇主为减少工业生产事故而对劳动者进行安全卫生方面的培训。我国《安全生产法》规定："平台经济等新兴行业、领域的生产经营单位应当根据本行业、领域的特点，建立健全并落实全员安全生产责任制，加强从业人员安全生产教育和培训……""生产经营单位应当对从业人员进行安全生产教育和培训，保证从业人员具备必要的安全生产知识，熟悉有关的安全生产规章制度和安全操作规程……"《职业病防治法》规定："劳动者享有下列职业卫生保护权利：（一）获得职业卫生教育、培训……"

3. 拒绝和紧急避险权

在用人单位强令冒险作业、违章指挥，或者发生严重危及人身安全的情况下，劳动者可以行使拒绝权。当劳动者有理由认为工作环境对其生命或健康构成了现实危险时，可以主动离开工作环境，此为劳动者的紧急避险权。拒绝权和紧急避险权的保护对象都是劳动者的生命与健康，体现了人的生命高于一切的人道主义精神。拒绝权是对劳动关系从属性的积极修正，通常情况下，劳动者应当服从用人单位的指示和命令，否则可能构成契约履行瑕疵，导致不利的后果。"但基于劳动关系的人身属性，公法规范给予雇主在劳动保护上更高的义务，即遇到可能对劳动者生命健康之指挥命令时，得予拒绝执行的权利。这是债法的不安抗辩权在劳动保护法上的具体运用，体现了公私法共同作用的社会权特征。"① 紧急避险权是为了弥补公力救济的不足，而赋予劳动者的自力救济。法律并非万能的，无法列举出可能出现的所有危险情况。当缺少法律的明确规定时，只要劳动者认为现实已经直接危及自身安全，就可以停止作业或者在采取应急措施后离开工作场所，并不因此而受到处罚。拒绝权和紧急避险权均含有停止工作的客观情况，拒绝权的原因是强令冒险作业和违章指挥，紧急避险权的原因是危及人身安全的危险情况；拒绝权的目的是以拒绝履行来进行对抗，紧急避险权的目的则是人格权不受伤害。② 我国《劳动合同法》规定，用人单位以暴力、威胁、非法限制人身自由的手段强迫劳动者劳动的，或者用人单位违章指挥、强令冒险作业危及劳动者人身安全的，劳动者可以立即解除劳动合同，不需事先告知用人单位；劳动者拒绝用人单位管理人员违章指挥、强令冒险作业的，不视为违反劳动合同。《安全生产法》第五十五条规定："从业人员发现直接危及人身安全的紧急情况时，有权停止作业或者在采取可能的应急措施

---

① 义海忠，谢德成. 工作环境权的内容及价值 [J]. 宁夏社会科学，2012（5）：14.
② 蒋璐宇. 俄罗斯联邦劳动法典 [M]. 北京：北京大学出版社，2009：123.

后撤离作业场所。生产经营单位不得因从业人员在前款紧急情况下停止作业或者采取紧急撤离措施而降低其工资、福利等待遇或者解除与其订立的劳动合同。"

4. 安全卫生救助权

劳动者的救助权有两层含义，一是发生职业灾害之后，劳动者有权获得用人单位、国家和社会的积极救助；二是职业病患者有获得积极治疗的权利。我国《安全生产法》对生产事故的相关救援工作做出了规定，国家的救助义务主要包括以下几方面：首先，政府应当建立全国统一的生产安全事故应急救援信息系统，建立、健全相关行业的应急救援信息系统。其次，各级政府应当制定行政区域内的生产事故应急救援预案，并建立相应的救援体系。再次，安全生产监督管理部门收到生产事故报告后，应当立即上报，不得瞒报、迟报和谎报。政府及安全生产监督部门在发生事故后，应当立即赶赴现场，组织抢救工作，并应根据需要采取警戒和疏散等措施，防止事故扩大。最后，相关部门应当准确查明事故原因，总结事故经验教训，事故调查报告应当依法及时向社会公布。

用人单位的义务主要包括依照法律的规定制定本单位的安全生产事故应急救援预案，并定期组织演练；建立应急救援组织或指定兼职的应急救援人员，配备必要的应急救援设备和物资，保证其正常运转；发生事故后，立即组织抢救，救助的基本原则是将劳动者的生命安全放在首位，并应及时、如实上报监管部门，不得破坏现场或毁灭证据。我国《职业病防治法》明确规定劳动者有获得职业病检查、诊断、治疗的权利，用人单位在发现疑似职业病患者时，应及时安排诊断和救治，在诊断和医学观察期间，不得解除或终止劳动合同。对于确诊的职业病病人，依法享受国家规定的职业病待遇。

5. 损害赔偿请求权

发生工伤后，经常会涉及工伤保险和人身损害赔偿请求权的竞合问题。依照我国《安全生产法》和《职业病防治法》的相关规定，用人单位违反劳动保护法的规定，未提供足够安全的工作环境，给劳动者的生命健康造成损害时，劳动者除依法享有工伤社会保险外，依照有关民事法律有获得赔偿权利的，有权向用人单位请求损害赔偿。但《最高人民法院关于审理人身损害赔偿案件适用法律若干问题的解释》第三条规定："依法应当参加工伤保险统筹的用人单位的劳动者，因工伤事故遭受人身损害，劳动者或者其近亲属向人民法院起诉请求用人单位承担民事赔偿责任的，告知其按《工伤保险条例》的规定处理。"

该条文存在一定问题。工伤是对劳动者人身权益造成的伤害，属于侵权行为的范畴。同时，用人单位未能尽到劳动契约的保护义务，应承担违约责任。因此，产生了侵权责任和违约责任的竞合。《中华人民共和国民法典》（以下简称《民法典》）第一百八十六条规定："因当事人一方的违约行为，损害对方人身权益、财产权益的，受损害方有权选择请求其承担违约责任或者侵权责任。"依照民法典的规定，此问题的最终决定权应当在劳动者手中。劳动者是自己利益的代表者，有权选择是按工伤保险待遇赔偿还是请求人身损害赔偿，司法解释不应做强制性规定。对于民事赔偿请求权和工伤保险请求权的关系，存在不同的法律模式，如选择模式（两种请求权择一行使）、相加模式（两种请求权皆可行使）、补充模式（工伤保险为主，差额部分可要求损害赔偿）和免除模式（工伤保险全面替代民事赔偿），实践中采用哪一种救济方式，应当以对劳动者有利、兼顾效率和公平为基本原则，结合社会的发展水平和实际情况来确定。

（二）职业安全权的程序性权利

职业安全权的程序性权利主要包括以下几方面。

1. 知情权

知情权是劳动者及其代表对用人单位安全卫生方面的情况拥有的全面了解的权利。劳动者有权了解劳动岗位和工作场所中存在和可能出现的危险因素及防范措施和事故应急措施。劳动者知情权的实现有赖于用人单位的告知义务，根据相关法律的规定，用人单位的告知义务体现在以下几方面：（1）劳动契约应载明劳动保护、劳动条件、职业危害防护和工伤社会保险的事项，用人单位应当将工作过程中可能出现的风险如实告知劳动者。（2）用人单位应当在有较大危险因素，可能产生职业病危害的场所、机器、设备上设置警示标志，在醒目位置设置公共栏，告知预防、操作、应急救援等相关内容。（3）用人单位对重大危险源需要登记建档，定期检查、评估，告知劳动者在应当采取的应急措施。

劳动者知情权的行使在一定情况下也会受到限制，主要包括以下三点。（1）商业秘密。商业秘密包括技术信息和经营信息，对于企业的生存与发展至关重要。商业秘密对知情权的限制非指用人单位可以商业秘密为由拒绝告知劳动者安全卫生相关情况，而是指即使涉及商业秘密，用人单位依然要披露相关信息，但非为公共利益，知情人不得随意泄露。（2）违背国家安全利益和法律的信息。（3）涉及第三方的隐私信息，主要指私人信息，如第三人的健康信息等。①

---

① 范围.工作环境权研究 [M].北京：中国政法大学出版社，2014：132-134.

2. 参与权

虽然劳动安全卫生保障职责主要在用人单位一方，但鉴于其与劳动者的利益紧密相关，劳动者有权参与安全卫生事务的决策，与用人单位共同努力建设安全卫生的职场环境。我国《劳动法》未明确规定劳动者的安全卫生参与制度。目前，世界通行的做法是通过设立安全卫生代表或成立企业安全卫生事务委员会来保障职工对劳动安全卫生事务的参与权。安全卫生代表通常从职工中选举产生，有时也可由工会选派，享有安全卫生事务方面广泛的权利，包括知情、参与、协商、决策、监督等权利。当企业出现安全卫生问题，威胁劳动者的生命健康时，安全代表有权要求企业采取紧急措施，并可根据现实需要发出停止工作的指令。

例如丹麦《工作环境权法》规定，雇用员工在二十人以上的事业单位，应设立由劳资双方代表组成的安全卫生委员会，遇到可能危害劳动者安全和健康的情况，来不及通知雇主时，安全卫生委员会可以立即下令停工。挪威、瑞典、芬兰等国家均有类似的规定。① 加拿大《职业安全卫生法》规定雇员有停止工作的权利，通常情况下需要有两名持证委员共同命令雇主停止工作。两名持证委员中，一名代表雇主，一名代表劳动者。遇有特殊情况时，仅需一位持证委员就可以命令雇主停止工作。② 安全卫生代表或安全卫生委员会的处置权通常仅限于必要情况下，即只有当工作场所出现危及雇员生命安全的危险情况，来不及通知雇主，或者能够通知雇主但雇主来不及采取措施时，才能行使安全卫生处置权。雇主应当对安全代表提供相应的培训，并

---

① 黄越钦. 劳动法新论 [M]. 北京：中国政法大学出版社，2003：435.
② 楚风华，张剑虹. 职业安全卫生法的国际比较及其启示 [J]. 甘肃社会科学，2007 (5).

为其提供履行职责必要的设施和帮助，补偿安全代表因履行职责所受到的损失。雇主不能因劳动者担任安全卫生代表或成为安全卫生委员会成员履行职责，而对其采取降低待遇、调职、离职等不利措施。

3. 监督与控告权

劳动者及其代表有权对用人单位执行劳动安全卫生法律法规和行业标准的情况进行监督。安全卫生代表有权检查企业安全卫生设施的运转情况，对劳动者提出的企业安全卫生方面存在的问题进行调查，有权要求企业采取预防和整改措施。劳动者及其代表有权就用人单位的职业安全工作提出建议，用人单位的负责人应当认真听取。当出现安全卫生隐患而用人单位不予理睬时，劳动者及其代表可以向有关部门提出控告，用人单位不得因此对劳动者采取打击报复行为。除此之外，工会在监督企业安全生产和职业卫生工作方面应当发挥重要作用。我国《安全生产法》第七条规定："工会依法对安全生产工作进行监督。生产经营单位的工会依法组织职工参加本单位安全生产工作的民主管理和民主监督，维护职工在安全生产方面的合法权益。生产经营单位制定或者修改有关安全生产的规章制度，应当听取工会的意见。"

工会对安全生产工作的监督和检查权主要体现在以下三个方面。首先是对建设项目安全措施的监督权。工会对用人单位建设项目的安全设施和主体工程的同时设计、同时施工、同时投入生产和使用的情况有权进行监督。其次是对工作场所安全卫生条件的监督、检查权。对于用人单位违反法律法规、侵犯劳动者权利的情况，工会有权要求纠正。发现事故隐患或出现危险情况时，工会有权提出解决建议，用人单位应当做出处理。最后是劳动安全卫生事故的调查权。工会必须参加安全生产事故和其他严重危害劳动者生命健康问题的调查。对于发现的问题，工会应当提出处理意见，并有权要求追究主管人员的责任。

四、职业安全权的法益构成

职业安全权以劳动者的人身安全为保护对象，以劳动者的生命安全和健康安全为法益。随着科学技术的不断发展，对劳动者素质和技能的要求也得到提升。在社会竞争日益激烈的今天，工作中的各种压力对劳动者精神和心理的损害逐渐增加。劳动者的健康安全不仅包含身体健康安全，也应包括精神健康安全。职业安全权的涵摄范围应从保护劳动者物质性法益扩大至对物质性法益和精神法益的双重保护。"如此，职业安全权在当代和未来就因具有了更为丰满的法益内容而体现出鲜明的时代气息，职业安全卫生立法也因其实现了对职业劳动者从身体到心理、从肉体到精神的全方位保护而更加彰显出劳动法作为人权保障之法的部门法精神和品格。"①

（一）前提性概念的解析

法学研究需要以清晰的概念为起点，在探讨职业安全权的法益构成之前，有必要明确"法益""精神法益"等相关概念。

1. 法益概念辨析

通常认为"法益"（das Rechtsgut）一词由德国学者首先提出，日本学者从德文首译。② 法益是刑法学的基本范畴，在刑法体系中占有

---

① 冯彦君. 论职业安全权的法益拓展与保障之强化 [J]. 学习与探索，2011（1）：107.
② 一般认为德国刑法学家宾丁于 1872 年在《规范论》中首先提出法益概念。

重要地位。相比之下，民法学界虽然对法益问题有一定研究，但并未将其作为本学科的中心概念构建系统化的理论。其他学科领域则很少研究本学科的法益问题。法益理论在其诞生后的一百多年中得到了蓬勃的发展，不仅构成大陆法系刑法学的理论基础，也获得了英美法系的广泛关注。法益理论凭借其对违法性的评价机能和对犯罪构成的独特解释作用，成为刑法学的核心范畴。但在其他学科中，法益理论往往被忽视，始终未取得应有的地位。其实，任何一部法律都有其着力保护的法益，所有的法部门皆存在法益，法益是法的核心问题。

"法益"概念的首提者，德国刑法学家宾丁认为"规范之所以禁止某种结果，是因为所禁止的行为可能造成的状态，与法的利益相矛盾，而另一方面，行为前的状态是与法的利益相一致的，不应通过变更而被排除的所有这些状态，具有法的价值，这就是法益"①。李斯特由刑罚概念展开法益理论，并认为由刑罚所保护的对象就是法益，稍微具体地说，对个人与国家的生活条件进行相互比较后，作为法所保障的生活关系而被固定化、规范化的东西就是法益。② 国内学者关于法益的定义有广义和狭义之分，广义法益观认为"法益是指根据宪法的基本原则，由法所保护的、客观上可能受到侵害或者威胁的人的生活利益"③。"所谓法益，是指应受法律保护的利益。人身法益，实际上是指法律所保护的人格利益和身份利益。"④ "生活利益本来很广泛，其中受法律保护者，称为法律利益，简称法益。"⑤ 狭义法益观认为

---

① 张明楷. 法益初论 [M]. 北京：中国政法大学出版社，2000：31.
② ［日］奈良俊夫. 李斯特的法益论及其现代的意义（一）［J］. 法学新报，1977（84）. 转引自张明楷. 法益初论 [M]. 北京：中国政法大学出版社，2000：35.
③ 张明楷. 法益初论 [M]. 北京：中国政法大学出版社，2000：167.
④ 杨立新，王海英，孙博. 人身权的延伸法律保护 [J]. 法学研究，1995（2）：21.
⑤ 梁慧星. 民法总论 [M]. 北京：法律出版社，2011：71.

"按照资源受保护的程度可以将其划分为权利资源、法益资源和自由资源。权利资源由法律创设，受到法律的保护，法律上有其名分；法益资源非由法律创设，但为法律所承认，虽无法律上的名分，但某种程度上仍受法律的保护；自由资源既非法律创设，也不受法律保护，法律之上无其名分"①。

广义法益观和狭义法益观最主要的区别在于权利是否包含在法益之内，广义法益观认为法益是法所保护的利益，权利亦是一种法益，法益的外延广于权利，法益和权利之间具有涵盖关系。狭义法益观认为法益和权利是并列的概念，法益是法定权利之外受法律保护的利益。狭义法益观虽能自成体系，但也有一定的缺陷。如果法益是权利之外可保护的利益，而这些利益既非法律创设，在法律上又无名分，那么法益与一般利益的区别究竟在何处？"作为一个规范性、有目的的描述，法益这一概念必须使权利与那些没有被当作权利而采取其他方式予以保护的法益二者能被明确区分，实现法律的有序调整。然而令人遗憾的是，狭义法益观对此无能为力，闭门造车出门不合辙。"②广义法益观与李斯特的法益理论有一定的承继关系，更符合法益的原始定义，且能够适用于所有的法学部门，逻辑上也更加通顺。因此，本书采广义法益观。

2. 法益特征分析

本书认为，法益范畴具有以下特征：

（1）法益的内容是利益。利益不仅是权利的基本要素，也是法益的主要内容。"所谓利益，就是指一定的社会形式中由人的活动实现

---

① 曾世雄. 民法总则之现在与未来 [M]. 北京：中国政法大学出版社，2001：10.

② 孙山. 寻找被遗忘的法益 [J]. 法律科学，2011（1）：59.

的满足主体需要的一定数量的客观对象。"① 某种需要是否属于利益，应当以一定社会生活条件中的一般人的认识为判断标准。同样地，某种利益能否获得法律的保护，从而上升为法益，不能以立法者的主观好恶为判断依据，而是应当根据当时社会生活中的普通社会成员的一般观念来做出决定。法益的内容是利益，但法益并不等同于利益。意识的能动性使人成为主客观的统一，立法者的主观偏好难以避免，一些应当上升为法益的利益可能没有上升为法益，而另一些不应当上升为法益的利益却上升为法益。因此，法益应当是实定法的概念而非前实定法的概念，只有得到法律确认的利益才是法益，未得法律承认的利益无论如何不能称之为法益，而只能是一般利益。

（2）法益具有法属性。法益是法所保护的利益，与法有着密切的联系，无法律则无法益。利益是人类社会的一种普遍现象，追求一定的利益是人类活动的基本目标。正如马克思所说："人们奋斗所争取的一切，都同他们的利益有关。"② 利益先于法而存在，立法者在自己的视线范围之内，对各种各样的利益进行甄别和选择，将其认为比较重要、影响较大的一部分利益确认为法益，由法律加以保护。从可保护性的角度来看，这部分利益之所以需要上升为法益，获得法律的确认与保护，是因为其在现实生活中有可能受到侵害和威胁。张明楷教授指出："法益必然是在现实中可能受到事实上的侵害或威胁的利益；如果不可能遭受侵害或者威胁，也就没有保护的必要。而所谓侵害或者侵害的危险都必然是一种事实的或因果的现象。因此，价值与价值

---

① 苏宏章. 利益论［M］. 沈阳：辽宁大学出版社，1991：21.
② ［德］卡尔·马克思，弗里德里希·恩格斯. 马克思恩格斯全集（第一卷）［M］.
 北京：人民出版社，1956：82.

观本身不是法益。"①

（3）法益与权利的主要区别在于能否进行类型化处理。权利也是一种法益，但却是法律明确规定，已经类型化和系统化的法益。"一般认为，权利仅仅限于指称名义上被称为权利者，属于广义法益的核心部分，其余民法上的法益均称为其他法益。"② 权利被侵害后，权利主体得以积极的作为方式主张其保障意志。而未上升为权利的法益，在法律上未有明确规定，但它又是确实存在的，"是一个社会的法观念或道德认为应予保护的利益，在法律中它常以抽象而含糊的法律原则为表现形式，缺乏明确而具体的法律外观，所以法益往往游离于具体的法律之外，在法典中难以谋求一席之位"③。由于缺乏明确的规则保护，法益的享有主体通常只能在受到侵害后请求法院的救济，难以事前积极主张该法益。与权利相比，法益受法律的保护程度明显弱得多。但当某种法益具备类型化的需要和可能性时，应当通过立法程序将其上升为确定的权利，如果此种重要的法益未能得到法律的强力保护而转化为权利，我们就有理由怀疑这部法律的合理性与正义性。

3. 劳动者精神法益阐述

精神法益是与物质法益相对的概念，其内容是为满足人的精神需要受法律所保护的主体的精神利益。

人的需要可以分为两大类，一类是物质需要，主要是经济需要，如为了满足人的生存所必需的食物、水、衣服等；另一类是精神需要，如获得他人尊重、参与社会交往不被排斥等。人本主义心理学的创始

① 张明楷. 法益初论 [M]. 北京：中国政法大学出版社，2000：65.

② 龙卫球. 民法总论 [M]. 北京：中国法制出版社，2002：121.

③ 张开泽. 法益性权利：权利认识新视 [J]. 法制与社会发展，2007（2）：133.

人马斯洛认为人的需要可分为两种，一种是基本需要，另外一种是特别需要。基本需要是全人类具有共性的需要，如饮食、睡眠的需要。特别需要则是在特定社会背景下主体的个性需求，如艺术、宗教的需要。在此基础上，马斯洛将人类各种基本需要分层次排列，形成了著名的需要层次论，分别是生理需要、安全需要、归属与爱的需要、尊重的需要和自我实现的需要。① 其中安全的需要既包括社会的和平稳定、个人有保障的生活，也包括职业安全。五层需要按照需求程度的强弱排列成级，当处于强烈需求地位的需要得到满足之后，处于次级地位的需要就显现出来。当然在实际生活中，这些不同种类的需要对于每个人而言其排序并不总是固定的，很多时候这五种需要是同时存在的，互相之间并不排斥。

罗洛·梅认为人本身是一个有机体，理性和感性的因素都会影响人的精神状态。而关于心理问题产生的原因，罗洛·梅则认为"不是性本能受到压抑，而是人们普遍感到生活失去了意义，情感动荡不安，社会不安全感和恐惧感更使人感到人生的可怕，从而更强烈地陷入了孤独、寂寞的状态"②。简而言之就是存在感的缺失。一个人在社会中的存在感愈鲜明，自我意识愈强化，自主行动的空间就愈大，理性思考的能力也愈强。人类终其一生都在不断追寻自己的存在感，不断强化自我意识，从而能够使生活处于自己掌控之内，实现自身的价值追求。人类存在感的锻造不仅需要自我意识的强化，还必须了解自己的感受和需要。③ 人的存在感或自我意识的满足性本质上就是人的精神

---

① 彭运石. 走向生命的巅峰：马斯洛的人本主义心理学 [M]. 武汉：湖北教育出版社，1999：101-111.

② 杨韶刚. 罗洛·梅的存在分析观阐释 [J]. 吉林大学社会科学学报，1995 (1)：27.

③ 车文博，杨韶刚. 寻找存在的真谛：罗洛·梅的存在主义心理学 [M]. 武汉：湖北教育出版社，1999：44-46.

需要。过于强调物质利益忽视精神利益的恶果就是人类美好天性和善良本性的流失，社会整体道德水平的滑落。由于每个人的成长背景、人生阅历的不同，个体的精神需要也并非相同。但对于某一特定群体来说，总有一些精神需要是群体中的绝大多数成员共同的诉求，这些共同的精神诉求构成了这一群体特定的精神利益。

就劳动者这一群体而言，在职业劳动过程中的需要可以分为两类，一类是物质方面的需要，如取得劳动报酬、获得劳动工具、一定的工作环境等；另一类是精神方面的需要，如获得同事认可、人格得到尊重、隐私不被侵犯等。劳动者职业安全的保障需求则是复合型的需求，既包括生命安全和身体健康等物质性需要，也包括心理健康等精神性需求。在职业安全领域，劳动者的精神法益就是劳动者这一主体在职业劳动的过程中受法律保护的精神健康利益。详言之，劳动者精神法益的保护对象是劳动者这一特殊群体，保护的范围限于职业劳动领域，具体内容是劳动者的心理健康和精神健康，根本目的是为劳动者构建安全、舒适、体面的工作环境。

（二）职业安全权法益构成的一般理论

职业安全权法益的涵摄范围取决于劳动者受保护的现实需要。现实存在包括物质存在和精神存在，相应地，人的主体需求包括物质和精神两个方面，这两个方面的需求结合起来就是主体的精神利益，得到法的确认和保护后上升为法益。传统民法理论将人身权划分为物质性人格权和精神性人格权，物质性人格权主要是生命健康权和身体权，精神性人格权主要包括名誉权、隐私权、人身自由权、性自主权。以往多有观点将职业安全权的保护对象定位为劳动者的物质性人身权，将劳动者的精神性人格权排除在外。随着世界范围内各国对人权的重视和劳动者保护理念的不断提升，职业安全权法益的覆盖范围由传统的对劳动者物质性法益的保护扩张至对物质性法益和精神性法益的双重保护。

如果说物质法益是职业安全权的固有内容，决定了职业安全权在权利谱系中的地位，那么精神法益则赋予职业安全权鲜明的时代气息，决定了职业安全权未来的发展方向。我国关于职业安全权的学术讨论长期以来囿于劳动者物质性法益的保障，忽视了精神法益的重要性，与先发国家的差距较大。一方面因为我国关于劳动者职业安全权的研究工作起步较晚，理论体系尚不成熟；另一方面则是因为作为全球劳动人口最多的国家，我国劳动者在职业劳动中的物质性法益保障尚不完善，精神性法益当然更易受到忽视。但这并非我们否定精神法益应纳入职业安全权保护范围的理由。职业安全权的法益构成应包括物质法益和精神法益。

首先，从劳动法产生的历史来看，现代劳动法产生的根本标志，是保护重心从资方向劳方的转移。正是因为现代劳动法蕴含了对人权的保障，才使得其脱胎换骨，成为真正意义上的劳动法。封建社会中的农民在森严的等级制度的剥削压迫下，不具有完全独立的人格，因而并不存在现代意义上的劳动者。资产阶级革命推翻了几千年的封建等级制度，确立了"自由、民主、平等"的时代观念，生产力的巨大进步，为劳动法的产生奠定了物质基础。但在资本主义社会早期，劳动立法是以维护资产阶级的根本利益为宗旨的，劳动者虽然具有一定程度的独立人格，仍然要被迫接受资本家的残酷压榨。许多劳工法规都以延长工作时间、降低劳动保护条件为基本内容，通过法律的形式将资产阶级对无产阶级的剥削正当化。

之所以否定劳动法在资本主义初期社会的存在是由于：其一，劳动者并未获得与资方设立平等劳动关系的法律地位，不具有独立的人格和自由意志；其二，劳动法规的立法目的不在于保护劳动力所有者的合法权利，应予倾斜保护的对象发生了错位。只有当劳动法具有赋予劳动者与资本所有者平等的法律地位、保障劳动者独立人格、重点保护劳动者权利的特征之后，才符合现代劳动法的基本内涵。劳动法从诞生之初就包含着保护劳动者人权的题中应有之义。

其次，从劳动法的发展历程来看，劳动法的完善与进步体现在对劳动者的全方位保护和劳动者权利的不断扩展两个方面。从最初的对工作时间和劳动者年龄的限制到劳动者在劳动保护、民主管理、民主决策方面拥有广泛的权利，劳动法对劳动者基本权利的保障不断完善。"所谓劳动法的发展无非体现在：内容不断扩展、标准不断提高、适用范围不断扩大、立法体系日趋完善。这些方面恰是劳动者人权立法保障在广度和深度上得以加强的标志。"① 劳动法之所以需要保障劳动者人权，是因为在劳动关系的三重力量（国家力量、资本力量、劳动力力量）组合中，国家拥有政治力量，能够通过行政手段对劳动关系进行干预；资方拥有经济力量，可以通过占有生产资料支配劳动力；劳动力力量在二方中处于明显的弱势地位，如果劳动法不能对劳动者进行有效的保护，劳动者这一群体的生存和发展堪忧。

资本主义社会早期，由于政府和资本家的恶意串通，劳动立法以保护资本所有者为重点，强强联合的结果只能使弱者愈弱，劳动者的处境十分悲惨。良好的法律应该顺应人类文明的发展、体现公平正义、保障弱者权利，去弱扶强的法律既无法赢得人民的认同，也违背社会

---

① 冯彦君．论劳动法是保障人权之法［J］．中央检察官管理学院学报，1995（1）：33.

历史的发展规律。纵观各国劳动立法，对劳动者权利的保护力度日益增强，保障范围不断扩大，国际劳动立法的迅速发展进一步改善着各国劳动者的人权状况。体面劳动不仅要求劳动者的身体健康，也要求劳动者的心理健康和精神健康，唯有身心的双重健康才能达到人的完满状态，才能让劳动者真正实现有尊严地体面地劳动。

最后，从职业安全权的产生和发展来看，职业安全权伴随现代劳动法而出现，早期的劳动法以保护特定劳动者（女性劳动者和未成年劳动者）的职业安全为内容。随着工人运动的高涨和社会权理念的深入人心，劳动保护的范围逐步扩大，工伤事故的无过错赔偿责任得以确立。随着社会与法制的发展进步，人们逐渐意识到保障劳动者的职业安全不仅是雇主和国家的义务，也是劳动者应当享有的一项权利。为了弥补私法救济的不足，20世纪以来许多国家通过了职业安全卫生法律法规，实现了劳动者职业安全保护的全方位和立体化，如美国1970年制定的《职业安全与健康法》、日本1972年制定的《职业安全卫生法》、英国1974年制定的《职业安全与卫生法》、瑞典1977年制定的《工作环境法》。

随着劳动者在职业劳动过程中的身体健康获得有效保障，劳动者的精神健康也赢得了越来越多的关注。许多国家都明确规定了雇主在预防劳动者心理问题方面的义务，如瑞典、奥地利、德国、荷兰等。①劳动者人身安全法益涵盖身体和心理的双重安全已经成为发达国家社会法学界的一种共识，因此国际劳工组织在公约中强调：与工作有关的"健康"，不仅指没有疾病或并非体弱，也包括与劳动安全和卫生

---

① 谭金可，王全兴. 劳动者职场心理安全健康法律保护的域外新动态及其启示 [J]. 当代法学，2013（6）：115.

直接有关的影响健康的身心因素。职业安全权的法益范围涵盖物质法益并拓展至精神法益，有利于更加全面地保护广大劳动者，顺应了社会文明的发展规律，符合人权保障的现实需要。

第三章

职业安全权的一般保障机制[①]

职业安全权作为劳动者享有的一项基本权利，在保障劳动者的身心健康与职业安全方面发挥着重要作用。然而，悬浮在空中的权利即使再美好也是徒有虚名，应有权利和法定权利只有转化为实有权利才具有现实意义。职业安全权的实现机制是由多项制度组合联结的动态法律保障体系，既包括劳动基准中保护劳动者身体健康的强行性规范，也包括集体合同和劳动合同中约定的具体标准，还包括其他部门法中维护劳动者职业安全利益的相关制度。探索更加有效的职业安全权法律保障机制，促进职业安全权的全面实现，是劳动法学研究的一项重要课题。

一、工作时间的法律规制

（一）工作时间的构成

1962 年 10 月，国际劳工组织《关于工作时间统计的决议》提供

---

① 职业安全权的一般保障机制是从整体上对劳动环境进行规范的法律制度，包括时间和空间两个维度；职业安全权的特殊保障机制虽不直接规制劳动环境，但从其他方面为劳动者提供保护和帮助。

了有关工作时间内容和测量的指南以及收集和分析数据的基本框架。决议确立了工作时间的三个概念，分别是正常工作时间、实际工作时间和计薪工作时间。正常工作时间是劳动者通常工作的最大小时数，超过这个数值雇主就必须支付加班费。实际工作时间包括劳动者所有花在工作上的时间，包括正常工作时间、加班时间、工作准备时间、工作等待时间（如等待机械故障的修复）以及在工作场所短暂的休息时间，既包括有薪工作时间也包括无酬工作时间。计薪工作时间是计算薪酬的工作时间，包括带薪的休息、休假、病假时间，一些国家还将用餐时间和上下班路程时间也列为计薪工作时间。①

我国的工作时间形式可以划分为两种，标准工作时间（包括延长工作时间）和特殊工作时间。

1. 标准工作时间

根据《国务院关于职工工作时间的规定》，我国的标准工作时间是劳动者每日工作8小时，每周40小时。根据《劳动法》规定，延长工作时间标准一般每日不超1小时，特殊情形需延长的，在保障劳动者身体健康的前提下，每日不超3小时，每周不超36小时。8小时工作日、40小时工作周的标准工时符合国际上的通行标准，国际劳工组织的成员国多是采用这一标准工时。也有一些国家的标准工时高于这一水平，如法国的每周工作时间已减至35小时，挪威每周的工作时间仅为30小时。② 而延长工作时间实际上侵犯了劳动者的休息权，危害劳动者的身体健康，因此应当予以严格规制，只有特殊的情况下才能适用。且由于延长工作时间后，劳资双方形成新的权利义务关系，用

---

① Susan Fleck. International comparisons of hours worked: an assessment of the statistics [J]. Monthly Labor Review, May, 2009 (5): 3.

② 林嘉. 劳动法和社会保障法 [M]. 北京: 中国人民大学出版社, 2011: 182.

人单位有给付加班工资的法定义务。我国现行法律根据休息时间的不同价值，规定了延长工作时间的工资支付标准：加点工作支付不低于工资 150%的报酬，休息日加班除安排补休以外支付不低于工资 200%的报酬，法定假日加班的支付不低于工资 300%的劳动报酬。

2. 特殊工作时间

特殊工作时间制度包括缩短工作时间、计件工作时间、不定时工作时间和综合计算工作时间。缩短工作时间是在特殊情况下适用的低于标准工作时间的工时形式。采用缩短工时制的多是一些特定的行业和特殊的劳动者，特定行业诸如矿山井下、化工冶金、装载货运等以及一些需要夜间工作的行业，这些行业的工作强度往往较大，对劳动者健康有一定的损害，为保障劳动者的安全应适当缩短工时。特殊的劳动者如孕期、产期、哺乳期的女性劳动者以及已满 16 周岁未满 18 周岁的未成年劳动者，为了保证身心健康可以缩短工作时间。

计件工作时间是劳动者以完成工作定额为计薪标准的工作时间制度，计件工作时间的实行应当符合以下两个条件：一是工作定额的确定必须适当，如果普通劳动者在 8 小时的正常工作时间都不能完成的工作定额就明显过高，属于变相延长工作时间，应当禁止；二是富余的时间如何利用应当由劳动者决定，用人单位不能强迫劳动。完成工作定额用人单位就应当支付劳动报酬，富余的时间劳动者如果选择继续工作，用人单位仍需支付对价。[①]

不定时工作时间是因工作性质和职责特点，无法按时上下班或需要连续工作，不能以标准工时加以衡量的劳动者所采用的工时形式。不定时工作形式必须确保劳动者的休息权利且应履行审批程序，可采

---

① 冯彦君．劳动法学［M］．长春：吉林大学出版社，1999：155.

用集中休息、调休轮休等弹性工作时间的方式。综合计算工作时间是以周、月、季、年为周期计算工作时间的工时形式，劳动者需连续工作、连续休息而不按通常工作时间的间隔进行休息。虽然不能实现标准工时制度，但综合计算工时的平均日、周工作时间应当与法定工时基本相同。

（二）工作时间之于职业安全权的意义

对工作时间的规制是职业安全立法的最初内容，盖因合理的工作时间乃是劳动者职业安全权最为基本的保障。工作时间是劳动者在用人单位从事本职工作所耗用的时间，具体而言就是劳动者在用人单位将自己的劳动力与生产资料相结合，实现劳动创造过程所使用的时间。[①] 工作时间是劳动关系的重要问题之一，也是劳资双方的矛盾焦点。于用人单位而言，工作时间越长，劳动者创造的物质财富和精神财富就越多，对于自己的营业就越有利。而于劳动者而言，工作时间越长，休息时间越短，恢复体力、脑力和参与家庭、社会生活的时间就越少。很多时候，由于用人单位科技水平的限制，延长劳动时间是提高产值和利润的主要手段。劳动者一方面希望获得更多的劳动报酬，另一方面又担心失去工作，不仅会接受用人单位延长工作时间的安排，甚至会主动要求加班加点。于是，延长工作时间成为劳资双方的共同选择。然而，残酷的历史和现实一再警醒世人，必须对工作时间加以控制，否则将会对劳动者群体、经济、社会产生不可逆转的负面效应。

大量的研究证明，长时间地工作不利于劳动者的健康和福祉。缺乏睡眠会损害人体的内分泌系统和免疫系统，导致人体机能紊乱；疲

---

① 冯彦君．劳动法学［M］．长春：吉林大学出版社，1999：147．

劳会影响劳动者的思考能力，引发沮丧、抑郁等不良情绪；超负荷工作会增加劳动者患心脑血管病、肌肉骨骼病、糖尿病、慢性感染、抑郁症等疾病的风险，提高职业伤害的发生率。① 过长的工作时间不仅会影响劳动者的健康，也会影响劳动者的家庭生活。如宾夕法尼亚大学的学者发现，教师群体的过长工作时间和激烈竞争使结婚和生育的年龄不断推迟，较早孕育后代会减少女性的晋升机会（成为教授）20%～25%。② 长时间地工作会提高劳动者发生家庭冲突的概率，不利于子女的成长。加拿大学者的研究表明，由于长时间工作的家长们经常为孩子准备高脂肪、高糖的商业快餐，这些家庭的孩子们较易成为肥胖儿童。③

对于雇主来说，延长工作时间的方法在短期之内虽可以提高产值，但过度使用会使劳动力拥有者无法恢复健康状态，长期来看却会导致整体生产力的降低。数据表明，每周50～60小时会使生产率降低10%～15%，这是因为过长的工作时间会降低劳动者操控机器设备的速度，并且会出现许多的工作错误导致返工。④ 过长的工作时间也会对社会产生较大的不良影响，一方面，劳动者是物质财富和精神财富的创造者，是推动社会向前的根本力量，长时间地工作不仅会降低劳动者的健康水平，还会令社会整体的创新和发展力越发不足，阻碍社会的发展和进步；另一方面，过长的工作时间会导致劳动力不当流失，

---

① DEMBE A E, ERICKSON J B, DELBOS R G, et al. The impact of overtime and long work hours on occupational injuries and illnesses: new evidence from the United States [J]. Occup Environ Med, 2005 (62): 588.

② JERRY A J. The Faculty Time Divide [J]. Social Forum, 2004 (19): 3.

③ PHIPPS S A, LETHBRIDGE L, BURTON P. Long-run consequences of parental paid work hours for child overweight status in Canada [J]. Soc Sci Med, 2006 (62): 977.

④ THOMAS HR, RAYNAR KA. Scheduled overtime and labor productivity: quantitative analysis [J]. Journal of Construction Engineering and Management, 1997 (123): 181.

研究表明：随着每周工作时间的增长，劳动者的伤残退休风险不断升高。① 劳动者较早地丧失劳动能力将会提高社会的医疗成本，在增加社会经济负担的同时也造成了资源浪费。

回溯劳动法的发展历史我们可以发现，以《学徒健康与道德法》为开端，早期劳动法的主要内容正是对工作时间的控制，职业安全权也是伴随着工作时间立法而产生并逐步发展完善。正因为过长的工作时间会给劳动者的健康带来一系列伤害，控制工作时间就成为劳动者基本的职业安全需求，缩短工作时间已是世界各国的共识。工作时间的缩短需要经济基础与上层建筑的共同支持，一方面，缩短工时是人类社会进步的要求，工人阶级的斗争是其实现的强大动力。科学技术的进步、生产工艺的改进、生产率的提高是工作时间缩短的物质基础；另一方面，工时立法是劳动法体系中最传统且最具代表性的部分，通过确立劳动者工作时间的法律基准来保护劳动者的健康与安全，是劳动法的重要任务，也是劳动法文明进步的标志之一。为了劳动者职业安全权的顺利实现，世界各国无论采用何种政治体制、何种经济制度，都应当顺应世界工时立法的发展潮流，不断创造条件增加劳动者可自由支配的时间，提高劳动者的职业健康水平，构建和谐劳动关系，促进人的全面发展。②

（三）现实中存在的问题

我国部分行业存在工作时间过长的问题，这一方面受劳资双方内部关系的影响，另一方面也与经济、社会及法制等外部环境密切相关。

---

① KRAUSE N, LYNCH J, KAPLAN GA, et al. Predictors of disability retirement [J]. Scand J Work Environ Health, 1997 (23)：403.

② 冯彦君. 劳动法学 [M]. 长春：吉林大学出版社，1999：151.

（1）内部原因

从内部环境来看，用人单位较之劳动者处于绝对的优势地位。由于现阶段我国工会的作用尚无法与发达国家相比，劳、资、政三方的博弈机制无法得到有效发挥，劳动者往往以个体为单位与雇主"讨价还价"，团体力量的欠缺必然导致结果的不理想。用人单位拥有工作时间、劳动强度、工资数额的决定权，为了提高劳动生产率、争取更多的利润以维持企业的生存与发展，延长工作时间成为成本最低的优先选择。劳动者进入职场后，一些劳动力密集型企业，实行的是计件工时制和综合计算工时制，工作定额一般由雇主预先确定，一些雇主会将工作定额调得较高，普通劳动者正常工作 8 小时无法完成劳动任务。这种变相延长工作时间的做法在低端中小型企业中十分常见，这些企业又是吸纳劳动力较多的用人单位，劳动者的生存和职业安全状况令人担忧。

同时，我国劳动者的知识与技能水平仍有较大的提升空间。当劳动者的文化素质与技术能力水平较低时，岗位的可替代性较强，较容易雇用到新的工人。而为了保住来之不易的工作，劳动者只能被迫接受加班加点。虽然各地方均规定了最低工资标准，但一部分劳动者为了赚取更多的收入有时会主动要求延长工作时间。当劳资双方都具有加班的需求和冲动时，工作时间的延长无法避免，但劳动者因此遭受的健康损害却甚少有人关注。

（2）外部原因

从外部大环境来看，首先是经济方面，改革开放以来我国经济一直保持着较高的增长速度，虽然近两年有所放缓，但年增长率仍在7%左右。不论是与发达国家相比还是与同处于经济较快增长阶段的发展中国家相比，我国的经济增速都名列前茅。随着国有企业劳动用工制度的改革，大批劳动者失去了原有"铁饭碗"，成为待业者。劳动力资源配置的市场化增强了雇主的优势地位，农场剩余劳动力的大量转移使得供大于求的劳动力市场竞争越加激烈。"强资本、弱劳力"不仅体现在生产资料的多与少、经济实力的强与弱、占有信息的多与寡，还体现在话语权即劳动内容、劳动时间、劳动强度的决定权上。企业是以营利为目的的社会经济组织，当其拥有一定的权力时，自然而然会运用这种权力争取更多的利润，延长工作时间以提高产量无疑是可选路径。而非公有制企业由于约束较少，竞争压力较大，加班加点现象较国有企业更为严重。

从社会环境来看，一方面，我国的社会保障体制尚处于发展和完善阶段，保障水平与之前相比虽有较大幅提升，但仍有不小的提升空间。人口众多以及城乡区域发展不平衡是制约我国社会保障整体水平的重要因素，在优先保证社会保障覆盖率的前提条件下，社会保障标准的提高需要更长的周期。"社会保障的方式是通过国民收入的再分配向保障对象提供物质帮助，目的是保障社会成员的生活需要。"[①] 在社会保障没有达到高水平的情况下，通过延长工作时间获得加班工资是改善生活条件的手段。另一方面，在以市场化为导向的经济体制发展过程中，随着激励性薪酬制度出台，收入差距的拉大不可避免。较大的收入差距在影响居民生活水平的同时，也在激发较低收入者改变现状的欲望。在正常工作时间无法满足生活需求的情形下，劳动者将部分休息时间转移至工作上在所难免。

---

① 郑尚元，李海明，扈春海．劳动和社会保障法学［M］．北京：中国政法大学出版社，2008：347．

从法治环境来看，我国劳动法及相关法规规定的工作时间标准在国际上居于较高水平，但加班加点现象却仍然比较严重，主要的问题在劳动执法方面。劳动执法是劳动行政机关对用人单位和其他社会组织贯彻执行劳动法的情况进行监督和检查，并对违法行为进行惩处的法治活动。劳动执法的主要目的是推动劳动法的贯彻落实。① 劳动执法之所以重要是因为劳动法主体出于对个体利益的考量，不可能完全自觉遵守相关法律，违反劳动法规定的现象必然会发生。一旦劳动执法未能发挥应有的监督作用，弱者的合法权益就会遭到侵害。没有劳动执法，再好的劳动法律也会因缺乏约束力而沦为一纸空文。在劳动执法的各项内容中，劳动监察居于核心地位。劳动监察是指劳动监察机构及其监察人员对用人单位执行劳动法律法规的情况进行监督、检查和处罚。我国的劳动监察权分散于多个行政部门，并且缺乏统一的领导机构，劳动监察效率并不理想。

此外，法律法规对用人单位违法延长工作时间的处罚力度不足也是重要原因，如《劳动保障监察条例》规定，用人单位违反劳动保障法律、法规或规章延长劳动工作时间的，由劳动保障行政部门给予警告，责令限期改正，并可以处以罚款。这样的处罚程度与用人单位因延长工作时间所获利益相比明显过轻。

（四）工作时间规则的完善

合理的工作时间是劳动者最基本的职业安全需求，也是职业安全立法的核心内容。劳动者的身心健康乃是至高无上的法益，职业安全权的实现有赖于对工作时间的科学管制。关于法律应否对工作时间加以干预，新古典主义经济学派和新制度主义经济学派曾有过长期的争

---

① 冯彦君. 劳动法学［M］. 长春：吉林大学出版社，1999：303.

论。新古典主义经济学派以个人作为研究的出发点，认为工作时间的长短应当由劳动者自己决定。当法律强行管制工作时间时，相当一部分劳动者无法获得充分雇佣，实际上限制了低收入劳动者增加劳动报酬的机会。且雇主作为理性经济人，当过长的工作时间影响职工健康进而损害劳动生产率时，雇主会自发减少劳动时间。新制度主义经济学则认为法律必须对工作时间加以规制，这对于劳资双方以及经济社会都是利大于弊的，那种认为控制工作时间会使企业劳动生产率降低的观点并不正确。人并非机器，工作时间的长短并不必然影响劳动生产率，当工作时间较短时，劳动者的工作积极性也会保持较高水平，随着工作时间的增长，劳动者的工作积极性和热情都会下降，反而不利于劳动生产率的提高。①

虽然这样的争论仍在持续，但发达国家劳动法的发展历程早已告诉我们哪一种理论更加优越，那种雇主一直是理性人、会自发减少工作时间的假定并不符合实际。低廉的劳动力成本和高额的利润回报令雇主延长工作时间的欲望不断扩张，丑陋的"血汗工厂"层出不穷，严重威胁着劳动者的健康和社会的可持续发展。市场调节的急功近利和经济人的利己主义倾向需要公权力的矫正。目前，世界上绝大多数国家的劳动基准法均对工作时间做了管制。

我国目前在工作时间方面最突出的问题是：为何法律明令禁止随意延长工作时间，但加班加点侵犯劳动者职业安全权的现象却始终存在？表面上看，劳动法执行力的欠缺是重要原因。正是因为违法成本的低廉，一些用人单位有恃无恐、肆意侵犯劳动者正常的休息时间。

---

① A. C. L. DAVIES. Perspectives on labour law [M]. London：Cambridge University Press，2004：155.

然而，正如德谟克利特所言："法律的目的是使人们生活得更好，可是要达到这个目的，一定要人们愿意幸福才行。对遵守法律的人，法律才是有效的。"① 劳动法执行不力的背后是社会主体价值观的偏差，市场在极大地解放生产力的同时也带来了消极影响，人们对经济利益的过度追求阻碍了社会的文明进程。社会价值观的偏差直接导致劳动者的健康与安全利益长期得不到应有的重视，劳动法保护劳动者的基本理念难以深入人心。因此，只有矫正错误的价值观，树立科学的价值理念，在全社会营造尊法、守法的积极氛围，才能进一步贯彻落实"发展为了人民"的科学理念，才能早日实现中华民族的伟大复兴。

二、劳动安全卫生制度

（一）劳动安全卫生制度的内涵与价值

劳动安全卫生制度是由国家直接建立或要求用人单位建立的，旨在防止劳动事故，减少职业危害的劳动保护制度。主要包括安全生产责任制度、安全卫生设施管理制度、职业病防治制度等。② 劳动安全卫生制度以保护劳动者在劳动过程中的安全健康为根本任务，是维护劳动者职业安全权的重要法律制度。安全卫生管理义务的承担者是用

---

① 德谟克利特. 德谟克利特著作残篇·西方哲学原著选读（上卷）[M]. 北京：商务印书馆，1981：54.
② 除前述制度外，还包括劳动安全技术规范制度、劳动卫生规范制度、安全卫生认证制度、安全卫生教育制度、安全技术措施计划制度、安全卫生监督检查制度、重大事故隐患管理制度、伤亡事故报告处理制度。

人单位和国家，劳动者主要是权利的享有者，同时也需承担一定义务。① 用人单位的安全卫生管理义务既包括对国家所承担的公法义务，也包括对劳动者承担的契约义务。总体来说用人单位的安全生产义务包括两方面，首先，用人单位应当为劳动者提供安全卫生的工作环境，消除劳动过程中可能危及劳动者生命安全健康的危险因素，保证劳动者的生命安全。其次，用人单位要避免机器设备损坏，确保安全卫生设施正常运转，积极研发应用新技术来提高劳动生产的安全性与效率。国家的安全卫生管理义务主要是公法上的义务，表现为对劳动者基本权利的维护，保护劳动者群体的安全与健康，确保劳动力的可持续发展。

劳动安全卫生（又称"职业安全卫生"）一词的英文为"occupational safety and health"。目前国际上广泛运用的职业安全卫生管理制度是由英国标准协会（BSI）、挪威船级社（DNV）等 13 个组织于1999 年联合出版的 OHSAS 18001（2007 年改版）国际标准，以及国际劳工组织 2001 年公布的《职业安全健康体系指南》（ILO-OSH）。作为一种风险管理体系，OHSAS 18001 的主要目标是减少劳动区域内的有害因素对组织内工作人员的伤害，修订后的 2007 年版本更加全面清晰，将精神健康也囊括进米。《职业安全健康体系指南》可应用于国家和组织两种层级，以指引的方式为国家和组织提供具体可行的措

---

① 劳动安全卫生制度，是国家对用人单位课以一定义务，并以强制、监督、检查、惩罚等方式确保用人单位的履行，从而达到保护劳动者生命、健康、安全的基本目的。国家所承担的劳动安全卫生义务主要是一种管理和作为的义务。公法性质的劳动保护法在产生雇主对国家所负公法义务时，也通过雇主保护义务之法律机制，形成相同内容的私法契约义务。因此，当用人单位违反公法上的劳动保护义务时，劳动者得主张相应权利。黄程贯. 劳动基准法之公法性质与私法转化［J］. 东吴法学，2006（秋季卷）：1.

施，协助国家和组织制定、实施、改善职业安全健康管理体系，确保劳动者免遭各种危害。

在我国的法律体系中，"安全"总是与"生产"紧密相连，安全生产一直是企业和政府工作中的重中之重。相比之下，劳动卫生工作则一直处于次要地位。安全生产固然是保障劳动者职业安全的重要制度，干净整洁的工作场所对劳动者健康的保护和促进作用不容忽视。洁净的工作环境不仅能够减少疾病的传播，预防职业病的发生，还能培养员工良好的卫生习惯，增加工作的积极性和组织的凝聚力。劳动安全卫生制度是劳动法最为传统的制度之一，也是保障劳动者职业安全权顺利实现的重要制度。劳动安全卫生制度的价值有三，一是保障劳动者的职业安全权，寻求制度正义。职业安全权以劳动者的生命安全和健康安全为法益，生命和健康是人与生俱来的不可剥夺的人权，保障人的生命安全和身心健康是法律的首要任务，是法律正义的体现。二是提高企业效益，减少损失和成本。企业为了获得更多的利润必须尽量降低成本，减少不必要的损耗。频繁的劳动安全事故不仅会造成人员伤亡，也会令企业背负巨额赔偿，影响企业效益，令企业形象受损。劳动安全卫生制度能够提高企业应对职业灾害的能力，预防工业事故的发生，削减非必需的成本支出。三是稳定协调劳动关系，实现社会秩序井然。和谐的劳动关系是企业发展壮大的基础，决定着企业内部的凝聚力和外部竞争力。同时，劳动关系是否和谐也影响家庭关系和社会关系。劳动安全事故的发生会影响劳动者的家庭幸福，破坏社会秩序。所以，保障劳动者的生命安全和健康安全，防范职业灾害的发生，一定意义上就是维护社会稳定。

（二）安全生产责任制度

1. 安全生产责任制度的功能与内容

卢梭曾经说过"我们天赋的良心是万无一失的善恶评判者"，表面上看，法律责任源于法律的规定，实际上，这种法律规定所体现的正是多数社会成员所形成的共同价值观念。俗话说"没有规矩，不成方圆"，责任制度在现代社会尤为重要，没有责任制度就会让为恶者逃避本应承担的后果，令社会陷入无序和混乱。在劳动安全卫生领域，责任制度意义重大，责任不清、义务不明、问责不全、惩罚无力正是劳动安全事故频发的主要原因。安全生产责任制度通过设定"权"和"义"，激励生产经营单位加大投入，改善劳动环境，消除和减少劳动过程中的不安全因素，增强抵御风险的能力；督促负有安全生产管理职责的部门"在其位谋其政"，积极行使角色职能；保护产业工人的正当权益，一旦发生职业灾害，让受害者能够及时获得经济补偿，降低安全生产事故的负面效应。

安全生产责任制度是企业的各级领导和相关人员，通过将安全卫生责任层层落实，使安全生产工作得以强化的一种管理制度。安全生产责任制度首先是生产经营单位基本的岗位责任制度，企业的各级领导和职能部门均需承担相应安全生产职责。首先，生产经营单位的法定代表人对本单位的安全生产工作负有全面责任，无论企业的何部门发生何种事故，法定代表人不得以任何理由逃避责任。其次，总工程师领导本单位的安全生产技术工作，对安全生产技术问题负责；劳动保护部门具体负责劳动保护工作，监督其他部门贯彻劳动法的情况。最后，各职能部门、各生产小组负责人在分管范围内对安全生产工作负责；本单位的员工应当自觉遵守安全生产技术规程，拒绝违规操作，并为此承担责任。总体来说，企业内部的安全生产责任制度是一个分工明确、逻辑严谨的岗位责任体系。上至领导下至普通职工，每一个人都是安全生产责任制的有机组成部分，每一名组织成员都应当恪尽职守，保证安全生产责任制度的正常运转，避免和减少劳动安全事故。

2. 我国安全生产责任制度存在的问题

近几年，随着我国对安全生产工作的极度重视，安全生产形势趋于平稳，我国亿元 GDP 安全事故死亡率逐年下降。然而，安全生产形势总体好转的背后依然存在不少问题。企业的领导人员固然是直接责任者，安全生产监管部门的监管不力也是这些问题产生的重要原因。目前，我国安全生产责任制度存在以下几方面问题：

一是安全生产责任理念的偏差。我国的安全生产责任制度强调事后责任，往往在发生事故后才会进行追责，导致一些企业存在侥幸心理，不愿为劳动者提供更好的安全卫生条件。对于地方政府和监管部门来说，即使履行职责不到位甚至是不作为，只要不出现安全生产事故，也不会被问责。我国《安全生产法》第九十三条规定："生产经营单位的安全生产管理人员未履行本法规定的安全生产管理职责的，责令限期改正；导致发生生产安全事故的，暂停或者撤销其与安全生产有关的资格；构成犯罪的，依照刑法有关规定追究刑事责任。"从这条规定可以看出，当用人单位的安全生产管理人员未履行职责时，仅仅是"责令限期改正"，只有当出现生产安全事故时，才会暂停或撤销生产资格。此种"不出事故不问责，出现事故才问责，出大事故狠问责"的责任理念极易造成安全生产隐患的残留，不利于企业加大安全生产投入，改善劳动保护条件。安全生产责任制度的重点应当是对风险的预防和控制。如澳大利亚《工作健康与安全法》认为，负有健康安全生产责任的主体，在合理可行的范围内，应当消除可能威胁健康与安全的危险，如果此类风险难以消除，就需尽力减少这些风险，将可能的影响降至最低。为了确保工作场所的安全和健康，应当考虑并衡量所有相关的因素：危险和危险发生的可能性；现实或可能的危险程度；相关主体知道或应当知道的内容，包括风险的危害性以及消除和减低风险的方法（方法应当是可行且适宜的）。①

二是劳动者参与权的缺失。我国的安全生产责任制度过分依赖政府，当主管机构不作为或作为不当时，极易出现问题。事实上，安全生产事故直接影响的是劳动者的生命和健康，最关心安全生产问题的也是劳动者。让劳动者及其代表充分参与安全生产监督工作，并承担相应责任，可以大幅度提高生产活动的安全系数。因此，一些国家采用的安全卫生代表制度值得借鉴。安全卫生代表通常从劳动者中选举产生，应当具有一定的工作经验，了解安全生产知识和劳动法规。为了保证安全代表监督工作的与时俱进，雇主也需定期对安全卫生代表进行培训。安全卫生代表负有广泛的职责，包括但不限于：维护劳动者的利益，检查劳动保护装备的配备情况，确保生产设备不会对劳动者的健康安全造成损害；对工作场所内存在的风险进行调查评估，并回报给雇主，对于发现的问题可以要求雇主立即采取措施消除危险因素；参与劳动场所设备、工艺、生产方法的规划、改造、更新工作，并提出建议；有权知悉工作环境中可能发生的重大变化，查阅安全卫生方面的相关文件，雇主不得以任何理由拒绝；当安全代表认为出现危及劳动者安全健康的情形，且难以避免时，可立即下令停止工作，

---

① Work health and safety act 2011, (Australia), No. 137, 2011. An Act relating to work health and safety, and for related purposes.

并无须为停工所造成的损失承担责任。

三是惩罚力度不足。法律责任制度之所以具有强大的威慑力，能够督促责任主体积极行使职责，很大程度上是因为设定的后果。所以，很多时候，人们经常将法律责任等同于违法责任，虽然不尽科学，但却反映出责任承担的重要性。我国《安全生产法》规定单位和个人的法律责任包括：责令限期改正；停产停业整顿；没收违法所得；罚款；降级或撤职；构成犯罪的，依法追究刑事责任。虽然法律责任的规定较为全面，但处罚力度实有不足。前述六种法律责任中，应用频率最高的当数"责令限期改正"，如生产经营单位不具备安全生产条件的，"责令限期改正"；生产经营单位的主要负责人未履行本法规定的安全生产管理职责的，"责令限期改正"；安全生产管理人员未履行本法规定的安全生产管理职责的，"责令限期改正"；生产经营单位有下列行为之一的，"责令限期改正"……当法律给予违规者一个又一个的改正机会时，谁能赋予那些因为生产事故健康受损甚至失去生命的劳动者一个重新来过的机会？我们的传统文化讲求宽容，给犯错者改正的机会，但在安全生产领域，一根小小的烟头都可能引发一场重大灾难，过度的宽容只会将隐患留存。行政主管部门的人力、物力毕竟有限，难以事无巨细、事必躬亲，企业的自律和内部监督才是保证生产安全的最重要机制。惩罚只是手段，通过不利的法律后果引起企业对安全生产工作的高度重视，积极履行管理职责，控制并消除可能威胁劳动者健康和周围环境的风险才是最终目的。惩罚的"度"是立法者应当认真思考的，过轻的法律责任无法起到约束和警示的制度功能，劳动者的职业安全也就难以得到有效保障。

（三）安全卫生设施管理制度

1. 安全卫生设施管理制度的意义

伴随着科学技术的进步和新型机器设备的不断应用，劳动场所的风险与日俱增，加强工作场所的安全卫生保护，维护劳动者的职业安全，成为一项社会任务。安全卫生设施关系到劳动者的劳动安全和身体健康，在减少职业灾害方面起着重要作用。安全卫生设施泛指有关劳动者安全卫生的设备和措施，一般由用人单位根据法律规定的义务而提供，并以能够有效防止职业危害的发生为评价标准。根据所防止的职业危害是否具有意外性，可分为安全设施和卫生设施。在为劳动者提供安全健康工作场所的层面上，安全与卫生无须严格区分。① 安全卫生设施管理制度旨在规范用人单位提供符合标准的安全卫生设备，消除工作场所中影响劳动者人身安全的有害因素，为劳动者创造一个安全洁净的工作环境。在现代社会人文精神的感召下，安全卫生设施以提升劳动者的职业安全权为根本任务。

安全卫生设施的管理义务首先是雇主义务，雇主作为劳动力的使用者应当为劳动者提供安全的生产设施和卫生防护设备。此种义务一方面源于雇主基于劳动契约对劳动者负有的照顾保护义务，另一方面源于雇主对工作场所的指示控制能力。雇主不仅对本组织的生产设备、工具、原材料等享有所有权，还拥有事业最高指示命令权，雇主最了解工作场所内存在的各种危险因素，也是最有能力控制和消除劳动风险的当事人。雇主设立符合标准的安全卫生设备以预防工业危害，保护劳动者人身安全，具有伦理上的正当性。同时，安全卫生设

---

① 郑尚元，李海明，扈春海. 劳动和社会保障法学［M］. 北京：中国政法大学出版社，2008：305.

施具体标准的执行需要行政强制力作为保障。在安全卫生设施投入使用前和使用后，主管部门应当履行行政许可、检查、监督职能，存在问题的，不得应用。安全卫生设施与劳动者自身利益密切相关，每一名劳动者既是受益人也应当自觉遵守安全卫生设备的操作规程，雇主应当对劳动者进行相关的培训，指导劳动者正确使用安全卫生设备，防止意外发生。

2. 安全卫生设施的立法规制

劳动安全卫生设施包括安全技术设施、劳动卫生设施和生产性辅助设施。《劳动法》规定，劳动安全卫生设施必须符合国家规定的标准。新建、改建、扩建工程的劳动安全卫生设施必须与主体工程同时设计、同时施工、同时投入生产和使用。《安全生产法》规定，生产经营单位新建、改建、扩建工程项目的安全设施，必须与主体工程同时设计、同时施工、同时投入生产和使用。安全设施投资应当纳入建设项目概算。这就是我国安全卫生设施的"三同时"原则。"三同时"原则旨在唤起生产经营单位对安全卫生设施的重视，强制性地将安全卫生设施与主体工程挂钩，两者同等重要，缺一不可。

"三同时"原则的实施要求包括以下几个方面：首先，国家主管机关在编制和下放建设项目计划任务书时，需同时将安全卫生设施要求列入其中，并将安全卫生设施的投入资金纳入投资计划之内；其次，建设单位应当提出安全卫生设施的具体要求，设计单位需要将安全卫生设备的设计与主体设计同时提交审查，施工单位要将安全卫生设施与主体工程同等对待，严格按照国家标准施工，保证安全卫生设施质量过硬；最后，设计单位、建设单位、施工单位均无权随意改变已经审批通过的安全卫生项目设备，确需变更的，应当征得利害关系方的同意，并应重新履行审查批准程序。

英国《建筑设计管理规则》规定了设计师在安全卫生方面的一系列职责，设计人员在编制或修改设计时必须考虑到可能受到影响的所有人的健康与安全，确保工程不存在健康安全上的风险。英国安全卫生设备的保护范围不仅包括劳动者，也包括雇主以及可能受到工程影响的所有民众。瑞典《工作环境法》规定，职场的卫生条件需让人满意，应当采用足够的安全预防措施来防止危险因素导致的伤害。当足够的安全保障难以通过其他方式实现时，应使用个人防护设备，且由雇主提供。[①] 日本的安全管理体系是由上至下的全员责任管理体制，自 1996 年开始实施职业安全健康管理体系，日本建筑业安全事故死亡率不断下降。日本的施工安全监督制度十分严格，管理人员每天在开工之前，必须对劳动者的劳动安全防护设备实施检查，防止劳动者因意外事故受伤。我国台湾地区"《劳工安全卫生法》"对雇主的安全卫生设施义务做了详细而具体的规定，雇主必须设置符合标准的安全卫生设备，以预防爆炸、水灾、火灾、辐射、坠落等各种危险。"雇主对于劳工就业场所之通道、地板、阶梯或通风、采光、照明、保温、防湿、休息、避难、急救、医疗及其他为保护劳工健康及安全设备应妥为规划，并采取必要之措施。""雇主不得设置不符中央主管机关所定防护标准之机械、器具，供劳工使用。"

（四）安全卫生教育培训制度

1. 安全卫生教育培训的含义

安全生产事故的发生原因有二，一是物的原因，二是人的原因。物的原因包括设备、物质、环境、防护用品等的非安全状态。人的原

---

① 范围. 工作环境权研究［M］. 北京：中国政法大学出版社，2014：180.

因主要是对机械设备错误的操作和处理，以及未按规定使用和佩戴安全防护设备。由于机械化程度的不断提高和安全教育培训的欠缺，我国每年都会发生因劳动者不安全行为导致的安全生产事故。美国安全工程师海因里希经过多年研究提出"骨牌理论"，即职业灾害以不安全行为、不安全环境、不安全个人特质和接触不安全因子为四种多米诺骨牌，只有一一倒下才会发生事故，抽掉其中的任意一张骨牌，职业灾害都不会发生。① 不安全行为主要指人的问题，是安全生产事故发生的重要原因。当劳动者欠缺应当具备的安全知识和技能，或是存在态度上的不端正、不重视时，很容易出现不安全的行为或是安全卫生方面的失误，成为劳动安全事故的导火索。对劳动者进行安全卫生教育培训，树立应有的安全观念，截断多米诺骨牌的其中一张，是防范劳动安全事故极为有效的途径。

安全卫生教育培训制度是职业教育的重要组成部分，劳动者生产技术和安全卫生知识的储备情况直接决定着生产经营单位的安全卫生状况。对职工进行安全卫生教育和培训是用人单位的法定义务，我国《劳动法》规定用人单位必须对劳动者进行安全卫生教育。《安全生产法》规定："从业人员应当接受安全生产教育和培训，掌握本职工作所需的安全生产知识，提高安全生产技能，增强事故预防和应急处理能力。"安全生产教育培训的主要内容包括思想政治教育、劳动安全卫生技术培训、劳动安全卫生法制教育、劳动纪律教育以及经验和事故教育。② 安全卫生教育培训不仅需要提高劳动者的安全卫生技术知识水平，更应强调对劳动者安全卫生意识的培养。

---

① 洪培元. 由不安全行为谈职业灾害之防止 [J]. 工业安全卫生月刊, 2006 (12): 54.

② 关怀, 林嘉. 劳动法 (第四版) [M]. 北京: 中国人民大学出版社, 2012: 164.

意识产生信息,人的行为依赖于人的思想意识,思想上的不安全直接导致行为的不安全。许多安全生产事故的发生归根结底是因为雇主和劳动者的侥幸心理,他们盲目认为职业灾害的发生概率很低,缺乏正确的安全卫生观念。而思想观念教育又是安全卫生教育培训中较易被忽视的部分,多数企业普遍重视对劳动者的安全操作技能培训,思想教育则往往流于形式,难以深入。形成此种局面的原因主要有二:一方面安全卫生知识技能培训能够在短期内提高企业的安全生产绩效,安全卫生思想教育却需要较长周期方能显现效果;另一方面,我国劳动合同短期化现象较为突出,企业花费时间、人力、财力培训的优秀劳动者很可能不会长期为企业工作,所以,许多企业不愿"为他人作嫁衣",使得我国劳动者普遍存在欠缺安全卫生教育培训的情况。

2. 安全卫生教育立法的比较与借鉴

(1) 美国

美国《职业安全与健康法》在立法目的部分明确规定了职业安全卫生教育,并规定国家有义务提供培训项目以提高职业安全卫生领域工作人员的数量和质量。《职业安全与健康法》对主管机关和雇主的安全卫生教育培训义务做了明确规定,部长在与卫生和人力部门协商后,应提供有关职业教育和培训的详细计划,防止和避免出现法律规定的不安全工作条件;主管部门应当为从事或将要从事铅基涂料工作的劳动者和管理者提供职业安全培训补助。[1]《联邦矿山安全与健康法》规定从事采矿业的所有雇主和劳动者必须参加劳动安全与卫生培训,一旦主管机关或其授权的代表发现有矿工没有获得必需的安全卫生培训,可以发布命令要求这些矿工立刻从矿山撤离,并禁止其进入

---

[1] See occupational safety and health act of 1970, (United States).

其他矿山从事工作直至其接受了法律规定的安全卫生培训。①

除详细的法律规定外，美国还拥有健全的劳动安全卫生教育培训体系。隶属于美国劳工部的美国职业安全与健康管理局（OSHA）发展并确认了一大批职业安全培训机构，与高等院校和职业学院一起成为职业安全教育培训的主要力量。美国的培训机构并非对从业人员进行泛泛的职业安全教育，而是非常强调培训的专业性，针对不同行业、不同工种的从业者开设不同的培训课程。如得克萨斯工程技术推广服务中心是美国职业安全与健康管理局最大的培训中心，主要面向石油工业、石化处理行业的管理人员和技术人员进行安全卫生教育培训，仅 2014 年一年就为来自美国和全球 79 个国家的 169000 多人提供了教育培训，该中心颁发的健康安全认证证书在国际石化领域获得广泛认可。

（2）澳大利亚

澳大利亚《工作健康与安全法》提出，通过提升职业安全与健康教育培训，确保劳动者和工作场所的安全与健康是法律的主要目标。该法同时规定生产经营者不仅有义务为劳动者提供职业安全卫生方面的培训和指导，还应当保证安全卫生代表获得培训的权利。② 澳大利亚的职业教育在世界上居于领先水平，职业安全与卫生教育是职业教育的重要组成部分。澳大利亚将企业的职业健康与安全引入职业教育培训之中，令学生在学习的过程中感知未来职业中可能出现的危险，提高其应对危险的能力和自我保护的意识。澳大利亚职业健康委员会将提高从业人员的职业安全健康列为重要项目，与院校和培训机构配

---

① See federal mine safety and health act of 1977, (United States).

② See work health and safety act 2011, (Australia).

合，共同培养学生良好的职业安全卫生习惯。①

（3）德国

德国的安全卫生培训工作主要由同业工会开展。同业工会作为德国的工伤保险经办机构，在政府的授权下采取各种措施预防工业伤害，其中就包括对从业人员进行安全卫生教育培训。工商业同业工会作为覆盖范围最广、成员最多的组织机构，承担了主要的安全卫生教育培训义务。每个同业工会都有自己的培训中心，针对不同从业人员的所需制定不同的培训方案，确保培训课程的科学有效。安全卫生培训也是德国企业内部培训的重点内容，每名职工每年至少接受一次培训，生产部门的劳动者每年要接受四次安全培训。②

（4）中国

我国安全卫生教育培训义务主要由生产经营单位承担，《安全生产法》规定用人单位的负责人和管理人员应当组织并实施安全卫生教育培训计划，如实记录教育培训情况；劳务派遣单位应当对被派遣劳动者进行安全生产教育培训；接受实习生的用人单位应当对实习人员进行必要的安全生产教育培训；使用新技术、新材料的企业应当对相关劳动者进行职业安全教育培训。未履行安全卫生教育培训义务的生产经营单位可能会受到停产停业、罚款等处罚。除安全生产教育培训义务外，企业还应当监督本单位全体人员严格执行安全生产技术规范，检查劳动防护用品的使用情况。

我国对特种作业人员的安全卫生技能水平较之普通劳动者严格许

---

① 蔡昱. 澳大利亚 OHS 教育对我国职业安全教育的启示 [J]. 当代职业教育，2012（4）：95.

② 盛丽萍，李振明. 谈欧美等国家职业安全教育培训方法对我国的启示 [J]. 安全，2010（12）：32.

多，国家安全生产监督管理局发布的《特种作业人员安全技术培训考核管理规定》指出："特种作业人员必须经专门的安全技术培训并考核合格，取得《中华人民共和国特种作业操作证》后，方可上岗作业。"我国的职业安全卫生教育过度依赖企业，如果企业没有为劳动者安排必要的安全卫生培训，许多劳动者将是零基础上岗。大型企业的安全卫生管理较为完善，而众多中小企业的安全卫生管理却不容乐观。中小企业主普遍认为安全卫生教育对企业经营无甚帮助，因此不愿将资金投入安全卫生培训。除此之外，我国的职业安全健康培训机构数量远少于发达国家，高等院校和职业学校的课程中也欠缺安全卫生教育的内容。劳动者安全意识的养成非一朝一夕，安全卫生教育应当渗透在学校教育中。在这方面，政府应当有所作为，培养合格的劳动者不仅是企业的责任，也是政府与社会的责任。唯有全社会共同努力才能进一步提升劳动者的安全卫生观念，促进职业安全权更好地实现。

（五）职业病防治制度

1. 职业病防治的意义

职业病是指劳动者在职业劳动和其他职业性活动过程中，由于接触工作环境中的有害因素所引起的疾病。职业病既包括因工作所导致的急性职业事故，也包括暴露于不安全工作环境下造成的慢性职业伤害。职业病会对劳动者的身体健康产生巨大影响，直接危害劳动者的职业安全权。对劳动者及其家庭来说，职业病无疑是沉重的负担，不仅会损害健康甚至会夺去劳动者的生命，更会令整个家庭陷入贫困；不仅影响企业的劳动生产率，也会增加国家财政非必要支出，不利于社会安定。职业病防治制度是劳动卫生制度最重要的组成部分，也是保障劳动者职业安全权的基本制度。职业病防治既包括对职业有害因素的管理和控制，也包括早期发现健康伤害问题时的介入以及职业病发生后的救治。"防"与"治"两者相辅相成，缺一不可。现代国家职业病防治制度的主要任务不仅是预防职业病的发生、保护劳动者的身体健康，还应当促进劳动者在工作场所的身心舒适。

2. 职业病的分类

随着劳动场所日益工业化与现代化，职业病的种类不断增加，职业病的致病因素愈加复杂，有许多职业致病因素引起的疾病尚未列入职业病目录，这不利于保护劳动者的身体健康，也给职业安全权的实现带来极大障碍。国际劳工组织 2010 年通过的职业病目录将职业疾病分为四大类，分别是接触职业有害因素所致疾病、按靶器官系统分类职业病、职业癌和其他疾病。接触职业有害因素所致疾病又分为化学因素所致职业病、物理因素所致职业病以及生物因素所致疾病三小类，共计 54 种；按靶器官系统分类职业病分为呼吸系统疾病、皮肤病、肌肉骨骼系统疾病以及精神和行为障碍，共计 22 种；职业癌和其他疾病共计 21 种。在每一小类最后皆有兜底条款，规定虽然条目中并未列出某种疾病，但有证据和方法确定接触此类因素与劳动者患病存在直接联系的，认定为此类职业病。2012 年，我国卫计委、人力资源和社会保障部、应急管理部和全国总工会四部门启动了职业病分类目录调整工作，调整后的《职业病分类和目录》增加了 17 种职业病，共计 130 种职业病（含 4 项开放性条款）。增加的刺激性化学物所致慢性阻塞性肺病、硬金属肺病、爆震聋等都是长期工作在生产一线的劳动者较易患染的疾病。

预防和治理职业病需要政府、企业、劳动者的协同行动，国际劳工组织在这一方面发挥着不可替代的作用。早在1930年，国际劳工组织即开始研究对工业劳动者的辐射保护问题，1960年通过了《保护工人免受电离辐射公约》（第115号公约）和《保护工人免受电离辐射建议书》（第114号建议书），提出应当努力将劳动者暴露于电离辐射的程度降至最低水平，根据目前所掌握的知识，采取一切措施保护劳动者的健康与安全。1963年国际劳工组织通过了《机器防护公约》（第119号公约）和《机器防护建议书》（第118号建议书），规定凡具有公约列明的危险部件而无适当防护的机器的销售、租赁，以及任何其他形式的转让和展出均应由国家法律或条例予以禁止。1974年，国际劳工组织通过了《预防和控制由致癌物质和致癌剂造成职业危害公约》（第139号公约）和《预防和控制由致癌物质和致癌剂造成职业危害建议书》（第147号建议书），规定会员国应当采取一切行动用其他物质代替致癌物质和致癌剂，以更好地保护劳动者的身体健康。为了明确国家在预防职业病方面的义务，加强国际合作，2006年国际劳工组织第197号建议书提出国家应当对职业病的发生情况与原因建立监测和统计分析机制。

3. 职业病防治的义务分担

（1）用人单位

生产经营单位作为劳动力的使用者，是职业病防治最主要、最直接的义务承担者。其义务表现在以下方面：用人单位在与劳动者订立劳动合同时，应当将工作中可能出现的职业病风险、职业防护待遇等如实告知劳动者，不得以任何借口隐瞒真实情况，并应将相关内容写入劳动合同；劳动者因工作内容、工作地点发生变更，可能出现订立劳动合同时未列明的职业病危害后果，用人单位必须履行告知义务，且不得以劳动者拒绝为由解除或终止劳动合同；从事危险作业的生产经营单位须在工作场所设置医疗卫生设备，达到一定规模的生产经营单位有必要设立医疗卫生部门，配备专职医生；用人单位应当定期为劳动者安排健康检查，以便更早地发现职业危害作业劳动者的健康异常，及时治疗防止更严重的健康损害，健康检查结果须如实告知劳动者，健康检查记录应妥善保管以备主管机关查阅；从事危险作业的生产经营单位应当建立从业人员健康管理系统，并实施分级管理，密切关注出现健康异常并可能与职业劳动有关的从业人员；发现疑患职业病的劳动者应当立即停止其工作，安排治疗，情况好转后应当重新为其安排工作岗位，所有的检查及治疗费用均由用人单位承担；离职劳动者要求用人单位提供健康资料的，用人单位不得拒绝，在未对离职劳动者进行健康检查之前，用人单位不得单方解除或终止劳动关系；劳动者确诊为职业病，用人单位未依法参加工伤保险的，须承担劳动者全部的治疗、康复、生活保障费用。

（2）国家

市场具有先天的逐利性、自发性、盲目性的特定，资源配置也并非总是合理，"市场失灵"经常出现。企业作为重要的市场主体，总是倾向于将资金投入最快盈利的项目，职业病防治的资金极易被挪作他用，严重侵犯劳动者利益，损害劳动者的职业安全权。市场经济的外部负效应需要政府的干预，企业利益与社会公共利益之间的冲突需要政府协调。国家在职业病防治上承担的义务有三，一是制度与规则的设计，二是对用人单位不当行为的管理和监督，三是对职业病劳动者的救助。具体来说，国家应当制定完善的职业病防治法律法规，明确职业病的赔偿范围，逐步提高职业病赔偿标准，为职业病劳动者提供更好的法律保障；国家应当建立职业病监测与统计分析制度，密切监控工作场所危险因素，对职业伤病的发生原因进行科学分析；国家应当积极发展职业病与流行病学，鼓励科研院所、医疗机构、高等院校、企业进行职业病预治的科学研究，严格评测新技术、新工业、新生产方法的职业危害度，未评估之前不可批准投入使用；国家应当对用人单位执行职业防治法律法规和国家职业卫生标准的情况进行监督，依法惩处存在违法违规行为的企业；国家应当严格规范职业病诊断与鉴定过程，对做出错误鉴定结论的个人和机构进行行政追责，完善职业保险制度，保障患病劳动者的基本生活。

（3）劳动者

劳动者在职业病防治法律关系中主要是权利的享有者和法律保护的对象，劳动者所承担的义务主要是配合的义务，包括接受定期的身体健康检查、佩戴使用雇主提供的劳动防护用品和工具、学习职业病防治相关知识、报告职业病安全隐患等。与较少的义务相比，劳动者享有广泛的职业卫生保护权利。具体包括劳动者有权了解工作中可能出现的职业致病因素和可能对健康带来的伤害，有权要求用人单位提供职业病防护设施和防护用品；劳动者有权获得岗前、在岗、离岗职业病健康检查和职业病诊断，有权查阅、复制检查和诊断结果，从事危险作业的劳动者有权要求用人单位定期安排身体健康检查；劳动者有权参与职业卫生工作的民主管理，有权要求用人单位改进不足；劳动者有权获得职业卫生教育培训，学习职业卫生法律法规和相关知识；劳动者有权对用人单位违反劳动法和职业病防治法的行为提出批评、建议、检举、控告，可以随时拒绝没有职业病防护措施的作业。

4. 政府在职业病防治中的重要作用

当市场主体从事一种影响他人福利的活动，而对这种影响既不付出报酬也得不到报酬时，就产生了外部性，如果对他人影响是不利的就称为负外部性，有利的就称为正外部性。在没有制约的情况下，企业雇用劳动者从事生产经营活动，生产过程中的职业致病风险完全由劳动者承担，企业既不需额外支付费用也不会获得盈利，而劳动者的福利却会遭受相当大的损害。这种市场的负外部性需要政府管制加以解决，政府承担职业病管理义务并非政府造成了劳动者的职业伤害，而是出于成本和利益考量，一方面职业病的社会成本远远大于企业利益，另一方面职业病对社会整体利益造成损害，加剧了社会不公。一般情况下，政府可以通过两种方式做出回应：一是通过命令与控制政策直接对行为进行管制；二是以市场为基础的政策激励，促使私人决策者自己来解决问题。①

截至 2018 年底，我国累计报告职业病 97 万多例，其中尘肺病约占职业病患者总数的 90%。由于职业健康检查覆盖率低和用工制度不完善等原因，实际发病人数远高于报告病例数。据抽样调查，约有 1200 万家企业存在职业病危害，超过 2 亿劳动者接触各类职业病危害。② 预防和治理职业危害需要公权力机关的积极作为，各级政府应当牢固树立以人民为中心的发展思想，将人作为社会治理的主体和目的，一切工作围绕提升公众福祉，努力满足人民的生存需要、安全需要、发展需要。

---

① ［美］曼昆. 经济学原理［M］. 梁小民，梁砾，译. 北京：北京大学出版社，2012：208.

② 中国新闻网. 中国累计报告职业病 97.5 万例，实际发病人数更高［EB/OL］.（2019-07-30）［2022-02-09］. https://baijiahao. baidu. com/s? id = 1640479959783763162&wfr = spider&for =.

提升政府的职业病管理绩效可以从以下几方面着手：

一是建立统一的职业卫生监督执法机构。根据《职业病防治法》规定，国务院安全生产监督管理部门、卫生行政部门、劳动保障行政部门共同负责全国职业病防治的监督管理工作。国务院有关部门在各自的职责范围内负责职业病防治的有关监督管理工作。事实上，我国目前尚无统一的职业卫生管理机构，几个部门都拥有一定的管理权限：安全生产监督管理部门负责监督企业的职业卫生状况，卫生行政部门负责职业病的诊断及职业卫生的监督管理，劳动行政部门负责职业病劳动者的社会保障。这种将劳动卫生职能人为割裂的管理模式具有难以避免的缺陷，即职能的重叠，在出现问题之后又极易造成责任的推诿，无法形成科学高效的工作机制。多部门监管不仅会造成执法尺度的宽严不一，也增加了用人单位的经营成本。

总体来说，分散的监管模式由于弊远大于利将逐渐被淘汰，统一的职业卫生管理体系是世界职业卫生监督执法的共同趋势。如瑞典2001年将10个地区的劳动监察局和国家职业安全卫生委员会合并后成立瑞典工作环境署，负责国家安全卫生事务；美国的职业安全与卫生管理局隶属于美国劳工部，负责全美安全生产与卫生保障；日本厚生劳动省下设的劳动基准局是日本劳动卫生的最高管理机关。在职业安全管理方面，我国的安全生产监督管理总局是安全生产工作的监督执法机构。职业卫生方面，却无统一的管理机构，这也从侧面反映出我国政府对安全生产工作的重视和对职业卫生管理的相对忽视。其实，职业安全与职业卫生密切相关，两者难以截然分开，没有职业卫生，职业安全根本无法落实。职业疾病给劳动者身心健康带来的伤害是长期的，可能会影响劳动者终生。为了保护广大劳动者的健康利益，促进劳动力资源的可持续发展，建立统一的职业卫生执法监督体系，增加管理效能，提升管理绩效甚为必要。

二是进一步完善职业卫生相关制度。包括职业伤病监测报告制度、职业健康检查制度、劳动合同制度等。对工作场所职业危害的监测是预防和控制职业病的有效途径，职场危害的事前监测与事后救治相比不仅具有成本优势，还能够将对劳动者健康的伤害降至最低。然而，由于我国的中小企业众多，管理不够规范，存活周期较短，客观上给政府的监测工作带来一定难度。近十年的职业病危害监测数据表明，我国工作场所职业病危害因素检测的企业呈逐年下降趋势，并出现受检数降低和达标率增高这一相悖现象。这是由于在政府缺乏强制性的介入稽查机制的情况下，用人单位不会主动报告职业病情况。因此，政府管制是职业病报告制度正常运转的前提和基础。

劳动合同制度虽非与职业卫生直接相关，但却对劳动安全卫生的实现起着不可替代的作用。一方面，由于我国劳动合同短期化特征突出，劳动者和用人单位之间难以形成稳定的协作关系，劳资双方的认同感较低，用人单位投资改善劳动卫生条件的原动力不足。而且，随着大量进城务工劳动者的涌入，一些用人单位故意不与劳动者签订劳动合同以逃避劳动安全卫生责任；而这些劳动者由于受教育程度有限，维权意识较差。另一方面，由于职业病的潜伏期较长，患病初期症状可能并不明显，致使用人单位经常互相推诿，均不愿承担责任。为了更好地维护劳动者的职业安全权，确保患职业病的劳动者获得及时救治和赔偿，政府应当尽力推进劳动合同常规化，发展无固定期限劳动合同，规范用工制度。

三是提高职业卫生投入，加强职业卫生保障建设。我国的职业卫生专业服务人员严重匮乏，现有专业服务人员的技术水平亟待提高。由于投入不足，基层职业卫生专业服务人员的待遇偏低，造成基层职业卫生服务人员流失严重。《职业病防治法》规定，职业健康检查应当由省级以上人民政府卫生行政部门批准的医疗卫生机构承担。然而，我国的职业病诊断机构偏少，且多集中于大城市和地级市，无法满足劳动者职业病诊断的现实需要，部分基层生产一线的职业病患者面临"诊断难、鉴定难"的尴尬局面。

职业康复是我国职业卫生建设中薄弱的一环，因职业病致伤致残的劳动者由于缺少社会帮助而难以重新融入社会。国际劳工组织《（残疾人）职业康复和就业公约》规定：主管当局应采取措施提供职业指导、职业培训、安置、就业和其他有关服务项目并对之进行评估，以使残疾人获得和保持职业并得以提升；所有会员国应当努力采取各种措施促进落后地区和边远地区的职业康复和就业服务。由此可见，采取多种康复手段，帮助受工伤和职业病伤害的劳动者重返工作岗位、重新参与社会既是全社会共同的义务，也是政府社会保障工作应当包含的内容。除加大投入外，政府可以引导和发动社会力量进入职业卫生服务领域，逐步形成政府主导下的多元管理模式，提高管理水平和管理效率。以职业康复为例，社区卫生服务即是可以深度发掘的潜在力量，通过修建社区康复中心将专业医疗康复与职业卫生服务对接，工伤和职业病人的康复可以采取就近原则，既充分利用了社会资源，又减轻了患病劳动者的负担。

第四章

职业安全权的特殊保障机制

一、抗辩权、避险权与解除权制度

（一）抗辩权、避险权与解除权制度的法律依据

劳动者除享有职业安全权的一般性权利外，还被赋予了三项具有预防性功能的特殊权利：抗辩权、避险权与解除权。抗辩权是劳动者感受到工作环境中的危险时，可以拒绝劳动力使用者违章指挥和强令冒险作业，以阻却侵犯职业安全权的不良劳动指挥行为，保护自身健康与安全。避险权是指当劳动者遭遇即将发生的、无法避免的职业危害时，可以停止工作并离开该工作环境，且不受追究的权利。解除权是当发生危及人身安全的情况时，劳动者无须事先告知劳动力使用者，可以立即解除劳动合同，摆脱危险的工作环境。抗辩权、避险权与解除权皆为职业安全权的子权利，三者共同的功能是防范将要到来的危险对劳动者生命、健康、身体造成的伤害。

我国劳动法对劳动者享有的抗辩权、避险权与解除权予以明确肯定，《安全生产法》规定，从业人员有权拒绝违章指挥和强令冒险作业，生产经营单位不得因从业人员拒绝违章指挥、强令冒险作业而降

低其工资、福利等待遇或者解除与其订立的劳动合同；从业人员发现直接危及人身安全的紧急情况时，有权停止作业或者在采取可能的应急措施后撤离作业场所。《职业病防治法》规定，用人单位违反有关规定的，劳动者有权拒绝从事存在职业病危害的作业，用人单位不得因此解除与劳动者订立的劳动合同。《劳动合同法》规定，劳动者拒绝用人单位管理人员违章指挥、强令冒险作业的，不视为违反劳动合同；用人单位违章指挥、强令冒险作业危及劳动者人身安全的，劳动者可以立即解除劳动合同，不需事先告知用人单位。

（二）抗辩权、避险权与解除权的特征

抗辩制度最早出现在罗马法中，之所以会产生此种制度完全是出于平衡当事双方利益的需要，当某项请求权的取得有违公平正义时，他方当事人有权证明该请求权不具备合法有效的基础，即行使抗辩的权利。"抗辩权"源自罗马法中的抗辩（exceptio），抗辩权的概念诞生于 19 世纪，当时潘德克顿法学派将权利按照"法律上的力"分为四种类型：请求权、支配权、形成权、抗辩权。① 职业安全领域，劳动者享有的抗辩权具有以下特征。

1. 抗辩的对象是用人单位的指示命令权

劳动契约成立后，劳动者即成为用人单位组织中的一员，有义务服从用人单位的指挥和调度，指示命令权是用人单位在法律上的重要权利，也是劳动契约实现的前提条件，非特殊理由劳动者不应违背。但当劳动者的生命健康面临危险时，当劳动者的职业安全权与雇主的指示命令权产生冲突时，处于优势位阶的"人的安全"法益应当成为

---

① 柳经纬，尹腊梅. 民法上的抗辩与抗辩权［J］. 厦门大学学报（哲学社会科学版），2007（2）：89.

首要的维护对象。此时，劳动者行使抗辩权符合正义公理，用人单位的指示命令权不对劳动者发生效力。

2. 抗辩权行使的原因是用人单位不当的指示命令

劳动契约是用人单位与劳动者在平等互信、自由协商的基础上签订的，用人单位向劳动者支付劳动报酬并提供劳动条件，劳动者在约定期限内为用人单位工作，以劳动报酬维持生活、照顾家庭。劳动关系当事双方以"劳动"和"劳动报酬"为核心内容，形成了权利义务的完满状态。然而，用人单位购买的并非劳动者本人，仅仅是劳动力的使用权，虽然因为用人单位指示权的存在令劳动者的意志自由受限，但劳动者的独立人格并未丧失，当用人单位不适当的指示威胁劳动者的人身安全时，劳动者可拒绝服从。同时，作为劳动者提供劳动的对待给付义务，用人单位须为劳动者提供安全的工作环境，以保证劳动者不会因劳动行为受危害，用人单位在明知危险的情形下依然指示劳动者从事劳动违背了保护照顾义务。基于保护照顾义务和劳动给付义务之间的牵连性，劳动者可行使不安抗辩权拒绝雇主指示。

3. 抗辩权属于一种自力救济权

自力救济指当法律主体的合法权利遭受侵害，无法借助社会公力救济保护自己的权利时，依靠自身力量所进行的自我保护行为。自力救济通常与公力救济相对应，行使自力救济权需要满足以下四个条件：权利人的权利正在遭受不法侵害或处于极度危险之中；公力救济难以救济；权利人通过自己的行为实施救济；救济一般以不过度造成损害为限度。① 劳动者职业安全抗辩权属于典型的自力救济权，其正当性来源于每个人与生俱来的生命健康权益。黑格尔曾说："生命，

---

① 陈焱光. 公民权利救济论 [M]. 北京：中国社会科学出版社，2008：186.

作为各种目的的总和，具有与抽象法相对抗的权利。""一个人遭到生命危险而不许其自谋所以保护之道，那就等于把他置身于法之外，他的生命既被剥夺，他的全部自由也就被否定了。"① 虽然理论上公权力应是权利的唯一保护者，实际上却力有不逮。当劳动者的人身安全处于危险之中，无法及时获得国家公权力的帮助时，应允许劳动者采取自救的方法，以自己的力量保护正当权利，如此方能彰显法律的正义价值，最大限度地满足个人需要，促进社会发展。

职业安全抗辩权与避险权的行使客观上均会令劳动者的工作状态停止，两者的不同之处在于：抗辩权所对抗的是用人单位的指示命令权，拒绝指示的原因是违章指挥和强令冒险作业；避险权是不履行工作任务或离开工作岗位，避险的原因是出现危及人身安全的紧急情况。抗辩权一般只有在用人单位违章指挥或强令冒险作业时才可行使，避险权的行使范围明显广于抗辩权，只要劳动者面临即将发生、难以避免的危险时即可运用，通过紧急避险权来暂停工作状态、保护自身安全。法律赋予劳动者即时解除劳动合同的权利符合人道的劳动观念，"劳动关系的人身性要求法律在生命健康权与财产权之间作出选择。当作为生命健康的目的性人权与作为财产权的手段性人权发生价值冲突时，应作出对人的尊严权的优先保护"②。用人单位违反法定义务、侵犯劳动者的职业安全权时，劳动者为维护人身权益得打破用人单位的生产经营秩序，且无须为由此造成的损失承担责任。此时劳动契约的单方解除属于过错性解除，解除原因是用人单位的过错行为侵害了劳动者的法定权利。

---

① ［德］黑格尔. 法哲学原理［M］. 范扬，张企泰，译. 北京：商务印书馆，1961：130.

② 义海忠，谢德成. 工作环境权的内容及价值［J］. 宁夏社会科学，2012（5）：14.

（三）抗辩权、避险权与解除权的价值分析

无论抗辩权、避险权还是解除权的行使均会破坏用人单位的正常生产进程，影响经济体的一致性、连续性和确定性。秩序亦是法律的基本价值，也是法治社会的必然要求，非基于更大的社会或利益缘由不得随意违背。法律肯定劳动者的自力救济，赋予劳动者打破生产秩序的权利，有着深刻的道义依据。

首先，正义是法律的首要价值，是一切社会制度追求的主要目标，公平和平衡是正义的内涵。在劳动关系中，用人单位与劳动者强弱分明，一个手握生产资料，享有管理命令和工资决定权，对不服从其指挥之受雇人可予以惩戒；另一个身无分文，为求生存需听从他方指示，为他人之事业而劳作。劳动契约的从属性决定了劳动者的天然弱者地位，对用人单位不合理指挥的拒绝实质上是对实质不平等的社会劳动关系的矫正，符合正义公理。

其次，用人单位是独立于国家和其他社会组织，拥有自主用工权的市场主体，其日常的生产流通秩序应当得到法律的保障，否则社会经济就难以发展和进步。但当用人单位的经济利益与劳动者的生存利益发生矛盾时，劳动者的生存利益更应被优先考虑。正如罗尔斯所言："每个人都具有基于正义的某种神圣不可侵犯性，即使是为了整体的社会利益也不能逾越。出于这一原因，正义禁止以牺牲某些人的自由而换取为其他人所分享的更大好处的理念。"① 正义的伦理倾向要求法律对人的基本权利加以保护，劳动者的人身安全是其生存的基础，是最为宝贵的利益，任何时候都不能以牺牲劳动者的人身安全为代价，即使是出于社会秩序的需要也不可以。

---

① ［法］保罗·利科. 论公正［M］. 程春明，译. 北京：法律出版社，2007：62.

　　最后，正义与秩序两者是对立统一的关系，秩序也包含在正义的范畴之中，"正义的作用是二重的：一方面试图保持事物的原状，假定每个人都得益于社会的稳定，尽管社会秩序中存在着弊端；另一方面则试图消除弊端，对权利进行再分配，以便使社会更合理"①。在一个没有正义的社会里是无所谓秩序的，即使有秩序也定非良序。当个人权利被侵害时，国家公权力有义务及时给予救济，如果公权力不能及时保护处于危险中的权利，应当允许个人依靠自力保护自己的权利，如此方能达到正义与秩序的统一。劳动者拥有职业安全抗辩权和解除权表面上似乎与用人单位的基本秩序相冲突，实质却是在更大的层面上确立了一种更好的秩序，即对人权的救济才是秩序的核心。所以劳动者自力救济权的存在是正义与秩序的统一，法律外在价值与内在价值的统一。在权利的行使效果上，劳动者的拒绝、避险、单方解除行为因法律的肯定而无须承担责任，用人单位不得因劳动者行使权利而对劳动施加不利后果，如降低工资福利待遇、变更解除劳动合同等。

　　职业安全自力救济权还体现了法律对自由价值的维护，从古至今，人类对自由的追求从未中断。《庄子·逍遥游》中对人类绝对自由问题进行了深入思考："若夫乘天地之正，而御六气之辩，以游无穷者，彼且恶乎待哉！故曰：至人无己，神人无功，圣人无名。"② 及至近现代，自由更多地与法律联系在一起，洛克认为：法律的目的不是废除或限制自由，而是保护和扩大自由。马克思认为法律并非压制

① 张文显. 二十世纪西方法哲学思潮研究 [M]. 北京：法律出版社，1996：573.
② 此句的白话译文为：倘若能顺应天地自然本性，把握六气（阴、阳、风、雨、晦、明）变化，遨游于无穷之境，他还需凭借什么呢？所以说，道德修养至高的人能顺应自然达到忘我境界，修养达到神化的人无意求功，思想近圣的人不求名誉和地位。

自由的手段，法律应以自由为目的，而非与自由相抵。孟德斯鸠认为自由就是做一切法律许可的事的权利，"在一个有法律的社会中，自由只能在于能够去做应当想做的事"①。劳动自由是现代劳动法制存在的基础，真正意义上的劳动自由指的是劳动者的自由，用人单位的自由虽然也与劳动自由紧密相连，但本质上是使用劳动的自由，而非劳动的自由。劳动自由要求劳动法充分肯定劳动者的自由意志，维护劳动者的人格独立。用人单位购买的仅是劳动力的使用权，而非劳动者本人，劳动者依然是有血有肉可以独立思考的正常人。劳动者的独立人格不依附于任何人而存在，既独立于国家，又独立于用人单位，也独立于其他组织和个人。

当劳动者的权益被侵犯时，劳动者可以自由决定是否采取行动维护自己的权利，因此，如果劳动者认为用人单位的不当行为令自己处于危险之中，而公权力难以及时救济时，完全有理由采取自力救济让自己脱离危险的工作环境。当然，任何自由都是有限度的，为了保证权利不被滥用，劳动者职业安全自力救济权的行使有着一定的限制。如果用人单位确有违章指挥、强令冒险作业等行为，劳动者行使自力救济权不需承担任何责任，但如果劳动者因为种种原因做出了错误的判断，事实上并未发生侵害职业安全权的情形时，劳动者应承担相应的赔偿责任。如果劳动者做出错误判断与用人单位的过错相关，应当相应减轻或免除劳动者的法律责任。

---

① 西方哲学原著选读（下卷）[M]. 北京大学哲学系外国哲学史教研室编译. 北京：商务印书馆，1982：44.

二、工伤保险制度

(一）工伤保险制度的历史演进

从人类出现在地球上伊始，各种风险就如影相伴，抵御风险从而获得平安是人类自古已有的诉求，也是保险制度产生的思想根源。早期的保险意识仅停留在个人和家庭保险层面，随着国家力量的增强，通过借助社会的力量来转移风险是逐渐衍生的保险意识。为了应对职业风险，中世纪出现了以相互救济为目的的职业共济组合，当组合中的职工遭遇不幸时，提供一定的经济补偿救济。产业革命之后，劳动者虽然已获得独立地位，但仍面临着工业事故等职业风险，让劳动者自己承担这些风险不仅不公平，也会引发许多社会问题。雇主赔偿责任的确立是历史的一大进步，在最初的过错责任原则下，劳动者想举证证明雇主的过失十分困难，雇主也能够轻易获得抗辩事由逃脱责任。19世纪末，在西欧国家"职业危险"概念的基础上，工伤赔偿的无过错原则得以建立，当发生工业事故后，劳动者无须承担证明责任，雇主不论是否存在过错都需负担对劳动者的赔偿。工伤保险制度是以雇主无过错原则为前提而发展起来的社会保险制度，国家通过强制立法将所有劳动者纳入保险范围，让劳动者获得普遍救济，通过社会力量的聚合，转移并分散风险的同时也减轻了雇主的经济负担。

在社会保险没有引入工伤领域之前，发生工业事故后，企业需要承担全部的治疗及赔偿费用，这是无可非议的，劳动者本就因事故承受伤痛，且是为雇主之事业而劳动，工伤赔偿责任自然应归属于企业。然而，一旦企业的经济负担过重，经济状况恶化，对受伤劳动者的救助即成为问题，劳动者的职业安全权丧失保障。如此以往则形成一个恶性循环，劳动者和企业的利益双双受损。在工伤赔偿采取社会保险的形式之后，工伤事故的风险得以分散，工伤保险基金可以在一个相当大的范围内调度使用，通过全社会的力量共同救助受伤劳动者，既保证了劳动者的安定生活也减轻了企业的经济负担。

德国于 1884 年颁布施行了《工伤事故保险法》，这是世界上第一部工伤保险法，德国也成为最早实施工伤保险制度的国家。由此开始，工伤保险制度逐步获得世界各国的认可，成了最受欢迎的社会法制度。国际劳工组织在报告中指出："还没有哪一种学说有这么大的力量，使之在如此短暂的时间里被那么多国家所接受。"① 工伤保险强大的制度功能是其得以快速发展的重要原因，对劳动者职业安全权的强力保障是工伤保险制度的内在蕴涵：现代社会，劳动者在职业劳动的过程中无时无刻不面临着受伤、死亡、疾病等人身风险，避免或减少这些危险，保障劳动者的职业安全权就成为劳动法的神圣使命。

对劳动者职业安全权的维护包括事前的预防、发生职业灾害时的救助以及事后的补偿，工伤保险制度不仅能够起到事后的补偿和赔偿作用，还具有积极预防的功能。一方面，工伤保险制度的事后补偿是其鲜明特色。发生工伤后，劳动者的职业安全权实际上已经遭到侵害，修补受损的权利、减少劳动者的痛苦和损失成为当务之急。劳动者既要承受伤病又要面对巨额的医疗费用以及工资的损失，如果没有救助，劳动者及其供养家属的生活状况必然恶化。工伤保险制度通过积极支付各种保险费用，让受伤劳动者可以得到及时治疗，补偿劳动者的经济损失，保证工伤劳动者的基本生活水平。另一方面，事前的积极预防是工伤保险制度重要的使命。保护劳动者的生命安全与健康要

---

① 覃有土. 社会保障法 [M]. 北京：法律出版社，1997：236.

求企业控制和减少工业事故，工伤保险基金的支出项目包含事故预防费用、教育培训费用、安全技术研发费用、安全奖励费用等，这些支出费用直接用于促进用人单位安全卫生事业的发展。通过差别费率、浮动费率等调整手段，提高事故发生率高的企业的工伤保险收费标准，而对工伤事故发生率低于行业平均水平的企业，工伤保险机构从其缴纳的工伤保险费用中返还一部分，鼓励企业在原有基础上进一步提高安全卫生绩效水平。

（二）我国工伤保险救济的不足与改进

目前，我国工伤保险领域的重要法律当数 2011 年施行、2018 年修订的《中华人民共和国社会保险法》（以下简称《社会保险法》）以及 2003 年制定、2010 年修订的《工伤保险条例》。这两部法律法规的颁布实施对保障因工作受伤或患职业病劳动者的医疗救治和经济补偿、分散用人单位的工伤风险起到了积极作用，但在以下方面仍存在一些没有理顺的矛盾，给劳动者工伤保险权利的行使带来障碍。

一是工伤认定程序烦琐。2010 年修订的《工伤保险条例》缩短了行政部门做出工伤认定决定的时间，将 60 日改为 15 日，并取消了行政复议前置的规定，将其设为选择性程序，如此变化表明立法者看到了现行工伤认定制度的不足，也明确了未来的努力方向。现阶段，我国劳动者可能经历的工伤认定流程包括：

首先，发生工伤事故后，如果用人单位就是否存在劳动关系与劳动者产生争议，则劳资双方需要先进行确认劳动关系是否存在的劳动仲裁。劳动者与用人单位之间存在劳动关系是受理工伤认定的前提，无劳动关系则无工伤认定。如果双方当事人对劳动仲裁的结果存在争议，可以向人民法院起诉。存在劳动关系争议的情况下，当事人可能经历一裁两审的漫长等待。

其次，确认劳动者与用人单位存在劳动关系的情况下启动工伤认定程序，劳动行政部门对双方当事人提供的材料，有疑义的可以进行调查核实，最终做出是否认定为工伤的行政决定。

最后，如果劳动者或用人单位对工伤认定结果有争议，可以选择行政复议，也可以直接向人民法院提起诉讼。如果人民法院认为劳动行政部门的决定不合法，仅能将其撤销或认定为无效，并不能直接做出工伤认定的判决，工伤认定决定仍需由原劳动行政部门做出。如果当事人对新的行政决定不服仍可选择行政复议或行政诉讼。

总体来说，我国的工伤认定流程较多，耗时较巨，在现有工伤认定体制下，工伤保险及时、高效的救济功能没有得到全部发挥。其实，工伤的行政认定并非必要程序。发生职业灾害以后，用人单位仅需履行向主管机关报告的义务，主管部门需要及时加以应对，充分保证受职业伤害劳动者于第一时间获得医疗救治的权利。目前比较突出的问题是：工伤认定和劳动关系的确认职权分属不同部门。不仅增加了行政相对人的举证负担，还提高了劳动者的维权成本。在尚不具备取消工伤认定的条件下，应当赋予工伤认定机关直接认定一般劳动关系的职权，当工伤认定机关认为劳动关系的确认存在疑难复杂情节，适用法律争议较大时，可以告知当事人向劳动争议仲裁委员会申请仲裁。

此外，我国工伤认定的范围偏于狭窄，《工伤保险条例》以列举的形式规定了可以认定为或视同工伤的十种情形，虽然增加了法规的明确性与指导性，但由于欠缺软性的"兜底条款"，使其难以适应社会的形势变迁，导致的结果是大量因工作受伤的劳动者被排除在工伤范围之外，劳动者的职业安全权得不到合法救济。以视同工伤的第一款情形为例——"在工作时间和工作岗位，突发疾病死亡或者在48小时之内经抢救无效死亡的"，实践中已经出现多起劳动者在工作中突发疾病，但由于超过48小时才死亡而不能认定为工伤的案例。这样的规定不仅过于僵化死板，而且不符合情理，极不人性化。因此，我国工伤认定范围需要进一步扩大，应当增加可以认定为工伤的一般性（软性）条款，以弥补列举式立法的不周延性，从而更好地适应劳动者权益保护的现实需要，增进社会福祉。

二是工伤预防和康复功能薄弱。1996年8月，原劳动部颁布了《企业职工工伤保险试行办法》，标志着我国工伤保险制度初步建立，在二十年的发展历程中，工伤保险的补偿功能不断提升，工伤劳动者的基本待遇有了可靠保障。《社会保险法》对工伤保险基金的先行支付做出明确规定，《工伤保险条例》将一次性工亡补助金标准提高为上一年度全国城镇居民人均可支配收入的20倍，并规定职工住院治疗工伤的伙食补助费，以及经有关机构同意，工伤职工到统筹地区以外就医所需的交通、食宿费用从工伤保险基金支付，实乃一大进步。

相比之下，工伤保险制度的预防功能明显薄弱，一方面，工伤预防功能的发挥需要科学规划，而《工伤保险条例》仅在第一条和第十二条中对工伤预防做出原则性的规定，工伤预防机制设计粗糙，未得到应有重视；另一方面，工伤保险"预防、康复、补偿"三位一体的制度建设尚未成熟。

发达社会保障条件下的工伤保险应当是集"预防、康复、补偿"于一体的有机制度，对利益相关人而言，预防、康复、补偿同等重要，对整个社会而言，预防功能具有超然的地位。"康复和补偿"是在出现职业事故后对劳动者的帮扶和救助，"预防"却能将企业的安全事故风险逐步降低，达到减少职业灾害、保障劳动者职业安全权的理想效果。现阶段，在我国三位一体建设尚未成熟的形势下，首要的任务是加大工伤预防的投入，这也是工伤保险制度体系较为完善国家的经验之谈。

以工伤保险制度最为发达的德国为例，其每年工伤预防的投入比例约占工伤保险基金总额的 7%。而我国由于省与省之间差异较大，工伤保险难以实现全国统筹。在各省市工伤保险基金普遍宽裕的情况下，加大工伤预防投入既合理又必要，可以从以下三方面着手：一是鼓励企业投资安全卫生设施，对企业安全卫生设备的更新升级给予经济上的支持；二是加强职业安全教育培训，进一步提高劳动者的安全卫生知识和技能，预防因劳动者缺乏职业安全常识而造成的职业灾害；三是开展更加深入的安全技术研究，如防火、防噪、除尘、防爆等与劳动者安全利益切实相关的防护技术，做到未雨绸缪，防患于未然。

工伤康复的制度功能在我国也未能得到有效发挥，在"重赔偿、轻康复"的观念导向下，社会整体对工伤康复的认知度不高。调查数据显示，高达六成的受访劳动者不知何为"工伤康复"，接受过康复治疗的比例不足十分之一，"没有进行工伤康复或错过最好时机"是造成劳动者"不残变残、小残变大残"的首要原因。① 工伤康复可以包括医疗康复、职业康复和社会康复，医疗康复是在职业事故发生后，为劳动者提供的急救和医学治疗；职业康复是综合运用运动训练、语言训练、职业培训等多种手段，帮助受伤劳动者恢复劳动能力；社会

---

① 骆沙. 工伤康复的社会认知应获提高［EB/OL］.（2012-02-14）［2022-05-17］.
http：//mzqb. cyol. com/html/2011-05/05/content_ 15804. htm.

康复主要是对受伤劳动者的心理辅导和社会教育，让劳动者能够重新融入社会。① 对工伤劳动者的经济补偿固然重要，帮助劳动者恢复劳动能力、克服心理障碍，进而能够重复工作岗位也是全社会应当共同承担的责任。工伤康复不仅体现了对劳动者的全面保护和人性关怀，也有利于减少劳动力的流失，降低社会总成本。因此，转变观念，更好地发挥工伤康复的积极作用，将是政府未来社会保障工作的重点。

（三）"过劳死"的工伤认定困境

"过劳死"一词源于日语，近 15 年来才被医学界正式命名，并非严格意义上的法律术语。"过劳死"乃指因过度工作超过人体所能承受之极限，突然引发身体潜在的疾病急性恶化，最终导致死亡。从法律角度看，"过劳死"发生后，用人单位通常并不需承担法律责任。然而，"过劳"作为一种职业伤害，毫无疑问侵犯了劳动者的职业安全权。

我国现行的工伤认定标准以"工作时间""工作地点"和"工作原因"为基本条件，可以视为工伤的情形中包括"在工作时间和工作岗位，突发疾病死亡或者在 48 小时之内经抢救无效死亡的"。然而，"过劳死"多是由于长期劳累而导致的身心严重超负荷，其发生有可能既不在工作地点，也不在工作时间之内，当劳动者因"过劳"死于家中或住所之中时，劳动者家属很难证明死亡结果与工作之间存在必然联系。而"在工作时间和工作岗位，突发疾病死亡或者在 48 小时之内经抢救无效死亡"的工伤认定标准强调的是抢救时间，即使发病是在工作时间和工作地点，但抢救时间一旦超过 48 小时，就无法认定为工伤。

---

① 刘吉欣. 德国工伤保险制度及启示［J］. 山东劳动保障，2006（10）：26.

被《工伤保险条例》所替代的《企业职工工伤保险试行办法》曾规定：由于工作紧张突发疾病造成死亡或经第一次抢救治疗后全部丧失劳动能力的，应当认定为工伤。然而，《工伤保险条例》并未继承这一规定，导致部分"过劳死"的劳动者被排除出工伤范围，"过劳"职工的职业安全权得不到法律的保障。有学者曾说过，"我们遇到的所有问题，背后都有一个基本的价值判断：我们是从维护劳动者利益，还是从方便有关方面执法来进行选择"①。上述规定显然是从方便行政机关执法的立场出发，牺牲的是真正需要法律保护的劳动者利益，为了让辛勤耕耘的劳动者们更好地分享社会发展成果，应当将过劳死纳入工伤认定。

"过劳死"问题突出的日本在预防和控制"过劳死"和"过劳自杀"方面的经验值得借鉴。在日本，加班时间长短是"过劳死"案件定性的关键，过劳死认定的主要法律依据是厚生劳动省 2001 年 12 月修改的《关于脑血管疾病与虚血性心脏疾病（负伤引起的除外）的认定标准》，该标准规定：发病前 1 个月内，工作时间之外的加班大约超过 100 小时；或发病前 2~6 个月之间，工作时间之外的加班每月平均大约超过 80 小时，即可被判定为工作强度过重、有害于身体健康。将考察范围延长至发病前的 2~6 个月，符合"过劳死"持续性、潜在性的特征，较大限度地增加了劳动者家属获得职业灾害补偿的可能性。在预防"过劳死"方面，2014 年，日本政府决定实施《过劳死等防止对策推进法》，该法将"过劳死"和"过劳自杀"防治措施规定为国家责任，政府有义务制定防止"过劳死"问题的政策大纲。2015 年 7 月，日本政府在内阁会议上确定了以《过劳死等防止对策推进法》为

---

① 董保华.《工伤保险条例修改》的若干思考 [J]. 东方法学, 2009 (5)：129.

依据的对策大纲,大纲以消除"过劳死"为主要任务,并规定了 2020 年应达到的目标:每周工作 60 小时以上的劳动者应低于 5%,70% 以上的劳动者能获得带薪假期;到 2017 年,负责劳动者心理健康的从业人员比例超过 80%。

"过劳死"和"过劳自杀"问题的本质在于"过劳",过度劳动不仅包括身体机能的超负荷运转,还包括精神系统长期处于重压之下。事实证明,在经济社会快速发展的大背景下,过度竞争和过度劳动在任何国家都无法避免。解决过劳问题应当以保护劳动者的全面健康为宗旨,整合用人单位、政府、劳动者三方力量,综合运用社会保险、劳动监察、刑事制裁等多种制度手段,为广大劳动者创造安全、卫生、和谐的工作环境。现阶段,将"过劳死"纳入工伤赔偿范围,通过社会保险制度进行救济是一种较为科学的选择。这是因为,如果以侵权法加以救济,用人单位可以"单位从不强迫加班""劳动者自愿加点""劳动者最了解自己身体状况"等多种理由加以抗辩,很容易证明单位不存在过错而劳动者存在过错。工伤赔偿采用无过错责任,无须考虑用人单位是否存在过错以及过错程度等问题,且"因工过劳致死"本就应属于"工作伤害"之范畴,由侵权法来调整无疑有"舍近求远"之嫌。

三、女性和未成年劳动者的特殊保护制度

(一)女性和未成年劳动者特殊保护制度的功能

女性和未成年劳动者特殊保护,是指在劳动安全卫生一般制度的基础上,针对女性和未成年劳动者的生理特征及特殊需要制定的专门保护制度。职业安全领域,强调对女性和未成年劳动者的特殊保护十

分必要。

其一，是劳动法的应有之义。在劳动关系中，劳动者是天然弱者，因此需要劳动法倾斜保护。女性劳动者和未成年劳动者承受劳动强度、抵御劳动风险的能力要低于普通劳动者，可以说女性和未成年劳动者是"弱者中的弱者"，法律对他们职业安全权的保护力度必须强于一般劳动者，女性和未成年劳动者特殊保护制度的目标即保障特别弱势群体的职业安全与健康。在保护方式上，主要是通过设定禁止性保护规则，避免女性和未成年劳动者参加可能会对其健康造成伤害的职业劳动活动。

其二，满足特殊群体的特殊需求。女性劳动者的生理特点与男性劳动者有较大区别，女性劳动者在经期、孕期、产期、哺乳期需要必要的时间和照顾。除此之外，女性劳动者还肩负着抚育下一代的社会责任，对女性劳动者的健康进行专门保护不仅关系到女性劳动者自身，还关系到中华民族的未来和希望。未成年劳动者由于未满18周岁，身体仍处在生长发育之中，各项机能普遍弱于成年劳动者，过重的劳动强度和不安全的工作环境会影响未成年劳动者的身心健康，不利于未成年劳动者的成长。同时，未成年劳动者的教育过程应当继续，以提高他们的文化水平和劳动能力。对未成年劳动者的特殊保护不仅可以满足其成长发育需求，也有助于未成年劳动者受教育权的实现。

其三，保护劳动力资源的可持续发展。劳动法对女性和未成年劳动者职业领域和劳动强度的限制，完全是基于保护女性和未成年劳动者身体健康的立场。由于生理特点和身体机能的不同，一些工作岗位和劳动强度，对于男性劳动者来说是正常承受范围之内，不会对他们的健康造成损害，但对女性和未成年劳动者来说却是难以承受的，可能危害女性和未成年劳动者的身体健康。女性劳动者是我国重要的劳动力资源，未成年劳动者也是劳动力的组成部分，法律对他们进行更高标准的劳动保护，不仅能够保障女性和未成年劳动者的健康与安全，更有利于促进社会生产力的提高和劳动力资源的可持续发展。

（二）女性劳动者特殊保护之"度"

回顾劳动法的发展演进历程可以发现，对女性劳动者的特殊保护是劳动法的一种惯例。早在 1842 年，英国工厂法就明确禁止使用女性劳动者从事矿坑内劳动，1847 年的《十小时法》规定女性劳动者的劳动时间原则上每天不得超过十小时。对妇女实行劳动保护是早期劳动立法的主要内容之一。① 1935 年，国际劳工组织《妇女井下作业公约》规定，任何妇女不论其年龄，一律不得从事矿山井下作业。1979 年，联合国大会通过了《消除对妇女一切形式歧视公约》，旨在争取性别平等，消除对妇女的歧视，保障妇女在各个领域的正当权利。2000 年，国际劳工组织修改了 1952 年的《保护生育公约》，规定各成员国在同有代表性的雇主组织和工人组织磋商之后，须采取适宜措施保证孕妇或哺乳妇女不得从事主管当局确定的会损害母亲或儿童健康的工作，或是经评估确定对母亲的健康或儿童的健康有重大危险的工作。2001 年《农业中的安全与卫生公约》规定，主管当局须采取措施，以满足农业女性劳动者关于妊娠、母乳喂养和生殖卫生的特殊需要。在联合国和国际劳工组织的倡导下，世界各国纷纷通过了针对女性劳动者的保护性立法，对女性劳动者的职业安全保护成为一种惯例。

然而，在劳动力买方市场的大背景下，人们发现对女性劳动者的特殊保护遭遇尴尬——法律将女性劳动者作为绝对弱者加以保护，其

---

① 关怀，林嘉. 劳动法（第四版）[M]. 北京：中国人民大学出版社，2012：173.

立足点是人性的，然而一系列的限制却使女性在劳动力市场上失去竞争优势，女性劳动者的平等就业权受到严重影响。基于性别的区别保护使得劳动力市场上对女性的歧视普遍存在，世界经济论坛报告显示：从全球范围来看，女性所获得的平均工资要比做同样工作的男性低20%到30%。对女性劳动者的禁止性保护规定也遭到了妇女组织的批评，例如国际劳工组织1948年的《夜间工作（妇女）公约》，本意在于保护女性劳动者的休息权，但却剥夺了女性劳动者夜间工作的权利，因此遭到了妇女组织的集体抗议。国际劳工组织1990年将该条修改为仅禁止孕妇从事夜间工作，并增加了对上夜班女职工的健康检查等规定，获得了女性劳动者的普遍支持。① 如何科学地对女性劳动者的职业安全权进行保护，又不损害女性劳动者的工作权利是一个需要深入思考的问题。

女性劳动者的职业安全保障需要一个"度"，既不能不保护，也不能过度保护，"不应用禁止和限制的方法把妇女隔离起来，而应创造体面劳动和友好工作条件的制度环境"②。对女性劳动者职业安全权的保护应当充分考虑个体需求差异，"一刀切"式的禁止性法律模式只会增加女性的就业难度。这是因为，一方面禁止性的法律规定将对女性劳动者的特别保护义务全部转移至用人单位，增加了用人单位招录女性的用工成本。从经济的角度考虑，企业雇用一名女性职工比雇用一名男性职工付出更多，收益更小，任何一名理性的经济人都不会自愿做出此种选择，女性的就业自然就成了世界性的难题。另一方面，过多的保护规定实际上限制了相当一部分女性劳动者的择业范围，更

---

① 刘明辉. 关注女职工职业禁忌的负面影响 [J]. 妇女研究论丛，2009（2）：43.
② 刘伯红. 特殊保护势在必行，平等发展更需坚持——女职工劳动保护的国际趋势 [J]. 妇女研究论丛，2012（4）：34.

多的女性劳动者被迫进入工资低、福利差的行业，经济学家保罗·萨缪尔森曾形象地总结："女人就是工资低的男人。"在职业安全领域，应当变群体性保护为个体性保护，赋予女性劳动者自主选择的权利，允许身体健康的女性劳动者从事与男性劳动者相同的工作，同工同酬。美国前国务卿奥尔布莱特说过："工作的母亲有共同的一个名字，叫内疚。"全社会应当鼓励男性更多地参与家庭生活，减轻女性在抚育子女、家庭劳动、照料老人等方面的负担。全球性别差异最小国家之一的瑞典，早在 1974 年就将"母亲产假"改为"父母亲产假"，瑞典的父母可以共享 480 天的带薪产假，还可以请假在家照顾生病的孩子，甚至上班的祖父母也可以请假在家照顾孙辈并得到政府补偿。

（三）我国女性和未成年劳动者特殊保护现状及对策

1. 女性和未成年劳动者特殊保护的现状

我国政府历来重视对女性和未成年劳动者的保护，1960 年党中央在批转《关于女工劳动保护工作的报告》中指出，应当建立和健全女工在月经、怀孕、生育、哺乳期间的保护制度，把从事笨重劳动和经常攀高、弯腰等工作的孕妇暂时调做适宜工作；对从事长久站立、蹲坐、行走等工作怀孕七个月以上的女工给以工间休息，尽量不让她们值夜班。1980 年中国政府签署了联合国《消除对妇女一切形式歧视公约》；1992 年全国人大通过了《妇女权益保障法》，并在 2005 年予以修正，以专章的形式规定了女性的劳动和社会保障权益；《劳动法》也在第七章对女职工和未成年职工特殊保护做出规定。1995 年联合国第四次世界妇女大会在北京举行，大会通过了旨在提高两性平等、实现社会性别主流化的《北京宣言》和《行动纲领》。2002 年，国务院颁布了《禁止使用童工规定》，禁止任何单位和个人招用不满 16 周岁的未成年人；文艺、体育单位经未成年人的父母或者其他监护人同意，可以招用不满 16 周岁的专业文艺工作者、运动员，但需要保障其接受义务教育的权利。

虽然我国对女性和未成年劳动者的职业安全保护规定较为完备，但实践中也存在着一些问题。

首先，部分用人单位对于女性劳动者"四期"的保护并不到位。法律规定女职工在怀孕期间本应享受特殊保护，然而女性劳动者在怀孕后遭降职或开除的事例时有发生。其次，女性因特殊劳动保护导致就业难的现象较为普遍。通常认为，女性的劳动时间与预期职业生涯均要短于男性，主要的原因在于女性的社会角色定位，即传统习惯上女性要在抚育后代和家庭劳动中发挥更大的作用。可以说女性在劳动力市场上本就不具备竞争优势，法律对女性劳动者职业安全权的特殊保护有可能加剧女性在求职中的劣势地位。最后，未成年劳动者的特殊保护需要进一步落实。国际劳工组织 1948 年《工业部门未成年人夜间工作公约》规定：不满十八周岁的未成年人不应在公私工业企业里或其附属机构里被雇用或用于夜间劳动。我国迄今为止尚无相关法律对未成年劳动者的夜间劳动做出规定。此外，我国法律对用人单位招用未成年劳动者的比例也未有规定。市场经济条件下，如何更好地保护未成年劳动者的职业安全权益是我国劳动立法需要解决的问题。

2. 完善女性和未成年劳动者特殊保护的对策

通过政策性手段帮助女性就业，积极促进女性职业开发具有可行性。例如对女性劳动者达到一定比例的企业给予税费方面的优惠，帮助用人单位消减雇用女性劳动者的成本。在此基础上，调整对女性劳动者特殊职业安全权益的保护思路，科学评估妇女可以从事的岗位和工种，扩大女性的就业领域，赋予女性劳动者自主选择的权利，将身体健康状况而非性别作为准入门槛；更加关注女性劳动者个体的劳动保护需要，而非两性之间的差异，以实质性保护取代机械的形式主义保护；合理利用生育保险降低企业雇用女性劳动者的成本，不断提高生育保险的参保率和待遇标准，放宽生育保险享受范围的同时降低生育保险费率。在完善女性劳动者特殊保护制度的同时，更需提高劳动者整体的职业安全保障水平。亚里士多德曾经说过："邦国虽有良法，要是人民不能全部遵循，仍然不能实现法治。"民众的服从是法律效力的根源所在，守法精神之形成非朝夕之事，而是需要长期的积累和沉淀，必须使法治的信仰深入人心，将法治理念内化于心、外化于行，让遵法守法成为全社会的共同追求。

未成年劳动者职业安全权益保护制度亟待强化。立法方面，应当尽快对未成年劳动者的夜间劳动做出规定，明确用人单位违反规定的处罚措施。未成年劳动者尚处于成长发育阶段，过长的工作时间会影响其身心健康，未成年劳动者的劳动时间应比照成年劳动者有所减少，可以实行 6 小时工作日，30 小时工作周的工时制度。执法方面，行政部门须变被动监督为主动执法，不能坐等纠纷发生、公民举报、媒体报道后才有所行动，应当对用人单位使用未成年劳动者的具体情况进行实时监督，通过外部制约规范企业用工。司法方面，由于未成年劳动者的法律知识和维权能力有限，可建立适用于未成年人的民事诉讼制度，对未成年劳动者进行司法援助。应当加大对未成年劳动者特殊保护法律法规的宣传力度，营造未成年劳动者特殊保护的社会氛围；用人单位需要为未成年劳动者创造良好的工作环境，严格遵守未成年劳动者特殊保护的规定；工会组织应发挥自身职能，监督未成年

劳动者保护规定的贯彻执行；未成年劳动者也要不断提高文化素养和
法律知识水平，做到学法、知法、懂法、守法，运用法律武器维护自
身的合法权益。

四、职业安全公益诉讼制度

（一）公益与公益诉讼

诉讼法理论认为，当利益受到损害时，受害者有权向法院起诉，
请求司法救济。正如假设一个牧羊人的羊群吃了邻居家的草地，邻居
可以要求他赔偿一样。但是，公共的草地理论上属于所有的牧羊人，
如果它受到损害，由谁来提起诉讼呢？为了解决类似的问题，就产生
了公益诉讼制度。公益诉讼于二十世纪九十年代初传入中国，受到了
众多学者的关注。欧美各国的公益诉讼理论体系已经相当完备，中国
目前的公益诉讼制度尚在建设和探索之中，学者们对公益诉讼的定义
也存在着较大分歧。“公益诉讼”一词源于罗马法，古代罗马法学家
将“法”划分为“私法”和“公法”，相对地，在诉讼中也有私益诉
讼和公益诉讼之分。前者为保护个人所有权而设定，仅特定人可提起；
后者为保护社会公共利益，除法律有特别规定者外，罗马市民均可提
起。虽然最初的公益诉讼与现代公益诉讼存在诸多区别，但公益诉讼
制度设立的最初宗旨是为维护公共利益这一点未改变，即使随着时代
的变迁、法制的进步，其制度表现有所不同，但“公益”却是贯穿始
终的。

然而，作为公益诉讼制度核心的“公益”却是一个人言人殊又模
糊不清的词条。功利主义哲学之父边沁认为公共利益类似于共同体利
益，共同体的利益是“组成共同体的若干成员的利益的总和”，因此

只要每个人都追求个人利益的最大化时，共同体利益（公共利益）也会实现最大化；① 社会法学派代表人物庞德认为，"公共利益是在政治性组织的社会生活中，并以该组织的名义提出的主张、要求和愿望"②。可以看出，庞德所提及的"公共利益"等同于"国家利益"。德国学者路佛（Leuthold）认为公共利益是"相对空间内关系人数的大多数人的利益"，这个相对空间多以地区划分、以国家组织为单位，地区内的多数人之利益就构成了公共利益。③ 随后，德国学者纽曼（Neumann）提出，公益是不确定多数人之利益，以受益人之多寡为判断的依据，只要大多数的不确定数目的利益人存在，就属于公益。④ 纽曼的观点是德国学界的通说，但也有不少学者对此观点持质疑态度，因为"不确定的多数人"本身就是一个尚待明确的概念。公共利益本身就是一个具有高度开放性、抽象性、概括性的概念，利益效果所及范围的不同是"公益"与"私益"的根本区别，在这一点上，"不确定多数人"之判断标准自有其优越之处。

公益诉讼的定义有广义与狭义之分，广义公益诉讼论认为：公益诉讼是指任何组织和个人都可以根据法律的授权，对违反法律、侵犯国家利益、社会公共利益的行为，向法院起诉，由法院追究违法者法律责任的活动。⑤ 狭义公益诉讼论认为：公益诉讼是指与自己没有直接的利害关系，诉讼针对的行为损害的是社会公共利益，而没有直接

---

① ［英］边沁. 道德与立法原理导论［M］. 时殷弘，译. 北京：商务印书馆，2000：58.

② 何勤华. 西方法律思想史［M］. 上海：复旦大学出版社，2005：273.

③ 陈新民. 德国公法学基础理论（上）［M］. 济南：山东人民出版社，2001：184.

④ 胡鸿高. 论公共利益的法律界定——从要素解释的路径［J］. 中国法学，2008（4）：56.

⑤ 韩志红，阮大强. 新型诉讼——经济公益诉讼的理论与实践［M］. 北京：法律出版社，1997：27.

损害原告的利益。① 从我国司法实践的情况看，公益诉讼案例主要分为两类，一类是诉讼中并不涉及原告的自身利益，而单纯是为了维护公共利益而提起的诉讼；另一类是原告因为自身权益受到损害而提起诉讼，在诉讼过程中有维护公共利益的成分，诉讼结果也在客观上起到了维护公共利益的作用。如果将第二类案件界定为公益诉讼，那么从某种程度上说，几乎所有的诉讼都可以称为公益诉讼。因为每一个正义的判决，不管是刑事、民事或行政的，都会在某些方面起到促进社会公平和维护社会公益的作用。公益诉讼成立的初衷是为了促进不特定多数人之利益，从维护私人权利角度出发的诉讼与公益诉讼的主旨相悖。

（二）职业安全公益诉讼之合理性与可能性

劳动法上，并非针对所有侵犯劳动者权利的行为均可提起公益诉讼，只有用人单位的违法行为侵犯的是不特定多数劳动者的利益，损害公共利益时，才可提起公益之诉。职业安全是劳动者共同的希望和诉求，职业安全权的保护对象具有不特定性和广泛性，所有的劳动者都在其施惠范围之内，这种由不特定多数劳动者所享有并由劳动法加以确认和保护的利益构成了社会公共利益。由于劳动关系的从属性特征，很多时候劳动者本人并不愿意主动揭露工作场所存在的职业安全危险因素，基于保住来之不易的工作岗位之目的，甚至法律赋予的抗辩权与解除权都怠于行使。职业安全卫生隐患的存留可能会造成严重的后果，一旦发生安全生产事故，不仅直接威胁本单位职工的生命安全与健康，还会对周边环境造成难以预估的负面影响。

---

① 梁慧星. 关于公益诉讼 [J]. 私法研究（创刊号），2002（1）：349.

当劳动者本人出于诸多顾虑不愿或不便对用人单位提起诉讼时，应允许社会组织或公民以维护公益的目的起诉存在安全隐患的用人单位，要求用人单位尽快排除职业安全卫生危险因素，充分发挥公益诉讼的预防功能。在内容上，职业安全公益诉讼可以包括劳动安全卫生环境、劳动保护条件、工作时间、休息休假以及女性和未成年劳动者的特殊保护。

诉讼法理论中，诉的提起以诉权为基础，诉权是有关诉的权利，诉权产生于当事人权益受到侵犯之时，是当事人请求人民法院保护其合法权益的权利。私权诉权说的创始人德国学者萨维尼认为，权利因受侵犯而发生变化，由此产生了旨在消除这种侵害的权能即诉权。当事人提起诉讼后，诉权就由"债的法律关系的胚胎"变成"真正的债"。① 萨维尼的私权诉权说把诉权看作实体私权的衍生物，忽视了起诉权的独立性。德国学者比洛夫倡导的公法诉权说提出，诉权就其性质而言是一种公法上的权利。诉讼中，当事人与法院之间的关系非私法性质，而是当事人对国家的公法性质的关系。公法诉权说使诉讼法学摆脱了对实体法学的依附，诉讼法得以成为独立的法律部门。②

随着诉讼法理论的发展与进步，诉权的社会化逐渐成为新的研究点。公益诉讼的提起已存在公益诉权为基本条件，随着损害公共利益现象的增多，赋予特定主体要求法院依法进行审判的权利成为一种必要。"人民之所以有公益诉权，从根本上来说，就是因为人民是国家的主人，有权管理国家事务。"③ 职业安全事故的发生会对不特定多数

---

① 江伟，单国军．关于诉权的若干问题的研究 [J]．诉讼法论丛，1998（1）：230．

② 张家慧．诉权意义的回复——诉讼法与实体法关系的理论基点 [J]．法学评论，2000（2）：58．

③ 韩志红，阮大强．新型诉讼——经济公益诉讼的理论与实践 [M]．北京：法律出版社，1997：89．

劳动者的生命健康构成极大威胁，劳动者的公共利益因此受到损害，当职业安全公益处于危险状态时，法律应当赋予特定主体向危险制造者发起诉讼的权利，职业安全权的法律保障机制也将更为完满有力。

（三）职业安全公益诉讼制度的主要内容

1. 职业安全公益诉讼的起诉主体资格

哪些主体有权提起职业安全公益诉讼，是构建职业安全公益诉讼制度首先要解决的问题。传统当事人适格理论要求起诉人与案件有直接的利害关系，否则就不能成为适格当事人。随着社会经济的不断发展，群体性诉讼的出现冲击着原有观念和理论体系，众多受害人试图通过诉讼程序解决纠纷，新的权利要求改变了以往的利益分布格局，当事人适格理论的修正成为一种必然。诉的利益的扩大化为当事人适格理论提供了扩张的基础，让不具有直接利害关系的组织或公民，以维护公益的目的参与到诉讼中来既是现实的需要也是历史的进步。

诉讼信托理论认为，人民将国家财产之管理权交给国家，国家就有义务保护这些财产，人民将自己的部分诉权也托付于国家，国家又将诉权转托于检察院等国家机关，由这些机关代表国家出庭起诉。各级检察院作为宪法规定的国家法律监督机关，以国家代表人的身份启动公益诉讼，是履行其法律监督职责的方式之一。在职业安全公益诉讼中，检察机关并非劳动契约当事人，亦非职业安全卫生事故中的受害人，不享有或承担劳动法上的权利义务。检察机关之所以能够成为职业安全公益诉讼的起诉主体，因为其是国家利益和公共利益的代表者，是宪法规定的法律监督机关。当用人单位的违法行为侵犯不特定多数劳动者的职业安全权，或将不特定多数劳动者置于危险之境时，检察机关作为公益代表人提起职业安全公益之诉，不仅可以追究用人单位的法律责任，更能起到救济劳动公益的良好社会效果。检察机关职能方面的天然优越性，决定了其是职业安全公益诉讼的适格主体。

工会是以改善劳动者的劳动条件和提高劳动者的经济社会地位为宗旨的群众性组织。第二次世界大战后，工会作为劳动者结社团体的合法地位获得了各国的普遍承认，且多在宪法和法律中做出了明确的规定。在我国，工人阶级既是领导阶级又是中国特色社会主义建设的中坚力量，而工会作为工人阶级的群众性组织，不仅是劳动者利益的代表，也是劳动者合法权利的捍卫者。《中华人民共和国工会法》规定："中华全国总工会及其各工会组织代表职工的利益，依法维护职工的合法权益；维护职工合法权益是工会的基本职责。工会在维护全国人民总体利益的同时，代表和维护职工的合法权益。"

当不特定多数劳动者的利益遭受侵害时，工会有责任挺身而出，维护劳动者的权利。因此，工会在职业安全公益诉讼中具有诉的利益，可以成为职业安全公益诉讼的起诉主体。此外，工会无论在经济实力、人力资源还是诉讼能力方面均明显强于普通劳动者，当劳动者难以起诉用人单位侵犯其职业安全权时，工会承担起诉任务不仅合理且更富效率。虽然工会是职业安全公益诉讼的适格主体，但我国工会由于建设管理的缺位，参与公益诉讼存在着诸多困难。一方面，我国工会的经费相当一部分来源于用人单位，工会对用人单位的经济依附使得工会组织欠缺应有的独立性，维权能力自然大打折扣；另一方面，我国工会的角色定位存在差异，工会由于运作模式的行政化承担了更多的管理职能，在集体协商、集体谈判以及维护劳动者权益方面的作用有待加强。想要使工会组织主动参与到职业安全公益诉讼中来，从而更好地维护劳动者集体利益，需要在未来通过立法和制度设计确立工会独立的地位和职权。

2. 职业安全公益诉讼的制度设计

（1）级别管辖的重置

一般情况下，我国的劳动争议案件属于基层人民法院的管辖范围，且多由民事庭审理，但劳动争议案件与普通的民事案件在适用法律原则上的不同甚多。随着我国劳动争议案件数量的居高不下①，有必要在法院系统中设置专门的劳动法庭甚至是劳动法院。在现有条件下，职业安全公益诉讼应当由中级人民法院或高级人民法院作为第一审机构，这是因为：

第一，按照法律的有关规定，中级人民法院和高级人民法院管辖在本辖区内有重大影响的第一审民事案件，职业安全公益诉讼涉及不特定多数劳动者的切身利益，具有辐射范围广、影响力大、案情复杂的特点，摆脱级别管辖的限制，由中级人民法院或高级人民法院作为初审机关符合立法精神。

第二，职业安全公益案件的专业性较强，审判人员应当具备解决劳动争议的专业知识，中级或高级人民法院的裁判经验和专业知识通常优于基层人民法院，且由较高级别的人民法院进行审理有益于职业安全公益诉讼裁判标准的统一，满足公益诉讼对公正性的要求。

第三，《最高人民法院关于审理环境民事公益诉讼案件适用法律若干问题的解释》第六条规定："第一审环境民事公益诉讼案件由污染环境、破坏生态行为发生地、损害结果地或者被告住所地的中级以上人民法院管辖。"之所以做此规定是因为环境民事公益诉讼属于新

---

① 据人社部统计，2015 年以来，我国劳动人事争议案件数量大幅上涨，审理难度逐步加大，审结案件数也随之增加。2020 年，全国当期审结案件数 110.1 万件，较上年增加 3.3 万件，同比增长 3.09%。

类型案件，审理、执行的难度较大，社会关注度高，而职业安全公益诉讼也具有以上特点。因此，由中级人民法院而非基层人民法院作为一审法院较为适宜。

（2）仲裁非必需程序

我国目前的劳动争议处理模式将仲裁作为前置程序，发生劳动争议后，当事人可以首先向本单位的劳动争议调解委员会申请调解，调解不成的，可以向劳动争议仲裁委员会申请仲裁；也可直接申请仲裁，对仲裁不服的，可以直接向人民法院起诉。职业安全公益诉讼从性质上来看仍属劳动争议案件，但却不应也不能受到现行劳动争议仲裁前置程序的制约。

首先，从职业安全公益诉讼的起诉主体来看，无论是检察机关还是工会组织均非劳动争议的直接利害关系人，与用人单位之间也并不存在劳动法律关系。按照我国《劳动争议调解仲裁法》的规定，劳动争议仲裁案件的双方当事人是发生劳动争议的劳动者和用人最后，检察机关和工会组织并不具备提起劳动仲裁的主体资格。

其次，职业安全公益诉讼之目的是保护不特定多数劳动者的职业安全权，将劳动者从不安全的工作环境中解救出来。劳动者面临的职业安全危险因素随时可能使其遭受伤害，因此，职业安全公益诉讼必须具有效率性，劳动争议仲裁前置将严重损害职业安全公益诉讼的效率性，对劳动者而言弊远大于利。

最后，仲裁本应是双方当事人自愿选择的一种争议处理模式，自愿是仲裁法的基本原则。然而我国的劳动争议处理制度却将仲裁作为一种强制性规定，不允许当事人自由选择。这种诉权受制于仲裁程序的制度安排大大削弱了诉讼作为独立的纠纷解决机制的应有作用，无法适应及时高效解决劳动争议的现实需要。在未来，我国应确立相对独立的劳动诉讼制度，使劳动诉讼与仲裁程序相分离，不将仲裁作为启动诉讼的必要条件。在职业安全公益诉讼中，检察机关和工会组织应当直接向人民法院起诉，力求快速结案，以更好地保障劳动者群体的职业安全利益。

（3）建立前置程序和激励制度

诉讼虽然是解决纠纷的有效机制，但却应当是在其他手段都无法解决问题时才可应用的争议解决方式。在公益诉讼中建立一定的前置程序是必要的。以美国为例，公民就环境保护问题提起诉讼前60天须将起诉通知告知联邦环保局、违法行为所在州和违法者本人。这样做既是为了节约司法资源，又是为了防止权利滥用造成诉讼爆炸。在职业安全公益诉讼中，检察机关和工会组织发现用人单位侵犯劳动者职业安全权的违法行为后，应当首先向劳动行政部门和该用人单位发出建议，劳动行政部门在收到建议后应立即对用人单位的违法行为进行查处，用人单位应立即进行改正，消除职业危险因素。行政机关高效率、低成本的特点，便于及时制止违法行为，将公共利益的损失降至最低。

同时，职业安全公益诉讼以维护不特定多数劳动者的利益为出发点，公益性决定了各方主体参与公益诉讼的主动性要低于私益诉讼。所以，有必要设立职业安全公益诉讼的激励制度，给予提供线索的其他案外人一定的奖励，在诉讼费用、举证责任方面适当减轻起诉主体应当承担的责任，提高各方主体参与职业安全公益诉讼的积极性，促进社会公共利益的实现。

第五章

职业安全权的法律责任体系

法律责任是法律义务履行的保障机制，传统的法律责任分类主要依据部门法的不同性质将法律责任划分为刑事、民事、行政三种责任形态。职业安全权的责任体系中，刑事、民事、行政三种责任方式并存，形成了一个相互联系、相互影响的较为严密的责任机制。除此之外，在职业安全权以维护劳动者利益为本位的前提下，是否存在独特的、有别于传统三大法律责任的社会法责任？这一问题值得我们探讨研究。

一、侵犯职业安全权的刑事责任

职业安全权作为一项基本人权，需要全方位的法律保护。"刑法是保障职业安全权最为有力的法律手段，发挥着预防和惩戒严重侵犯职业安全权犯罪行为的制度功能。"① 为了更好地保护劳动者的生命安全与健康、减少职业灾害对劳动者的伤害、惩罚侵犯劳动者职业安全

---

① 冯彦君. 论职业安全权的法益拓展与保障之强化 [J]. 学习与探索，2011 (1)：107.

权的违法行为,刑法将造成重大伤亡事故或者其他严重后果的过失行为规定为犯罪。通过创设重大劳动安全事故罪和重大责任事故罪,我国刑法实现了对劳动者职业安全权的有力保护。

(一) 重大劳动安全事故罪

《中华人民共和国刑法修正案(六)》(以下简称《刑法修正案(六)》)对原刑法规定的重大劳动安全事故罪做出修改①,一是取消了犯罪主体的限制性规定,不再限定"工厂、矿山、林场、建筑企业或者其他企业、事业单位",只要安全生产设施或条件违反国家规定造成严重后果的,均可追究相关人员的刑事责任;二是扩大了安全设施的范围,原规定将安全设施限定为"劳动安全设施",修改后的"安全生产设施或者安全生产条件"范围明显广于"劳动安全设施";三是取消了罪状中的限制性条件,重大劳动事故罪的构成不再以"经有关部门或者单位职工提出后,对事故隐患仍不采取措施"为前提条件,只要安全生产设施或者条件不符合国家规定,造成重大伤亡或严重后果的该罪就成立;四是扩大了责任承担的主体范围,修改前本罪只处罚"直接责任人员",修改后的责任承担主体包括"直接负责的主管人员和其他直接责任人员"。

1. 重大劳动安全事故罪的主体

关于重大劳动安全事故罪的犯罪主体究竟是自然人还是单位历来

---

① 原规定为"工厂、矿山、林场、建筑企业或者其他企业、事业单位的劳动安全设施不符合国家规定,经有关部门或者单位职工提出后,对事故隐患仍不采取措施,因而发生重大伤亡事故或者造成其他严重后果的,对直接责任人员,处三年以下有期徒刑或者拘役;情节特别恶劣的,处三年以上七年以下有期徒刑"。修改后全文为"安全生产设施或者安全生产条件不符合国家规定,因而发生重大伤亡事故或者造成其他严重后果的,对直接负责的主管人员和其他直接责任人员,处三年以下有期徒刑或者拘役;情节特别恶劣的,处三年以上七年以下有期徒刑"。

存在争议，《刑法修正案（六）》明确本罪的处罚对象是"直接负责的主管人员和其他直接责任人员"，《最高人民法院、最高人民检察院关于办理危害矿山生产安全刑事案件具体应用法律若干问题的解释》规定矿山中发生重大劳动安全事故的，"直接负责的主管人员和其他直接责任人员"包括"矿山生产经营单位负责人、管理人员、实际控制人、投资人，以及对安全生产设施或者安全生产条件负有管理、维护职责的电工、瓦斯检查工等人员"。从责任承担主体来看，本罪只处罚了自然人，但若因此断定本罪的犯罪主体是自然人则过于武断，事实上重大劳动安全事故罪的主体应当是单位，理由如下。

其一，我国刑法对单位犯罪原则上实行双罚，即"单位犯罪的，对单位判处罚金，并对其直接负责的主管人员和其他直接责任人员判处刑罚"。但在刑法分则和其他法律没有规定双罚制的情况下也可以实行单罚，允许只处罚直接责任者个人，不处罚单位。之所以只单罚不双罚可能有两种情况：一是并非为单位牟利，只是以单位名义实施的犯罪行为；二是虽然是单位犯罪，但处罚单位会损害无辜者的利益。因此，仅处罚直接责任主体的犯罪既有可能是自然人犯罪也有可能是单位犯罪。《刑法修正案（六）》对重大劳动安全事故罪的主体采取了回避态度，并没明确该罪的主体究竟是自然人还是单位。但"直接负责的主管人员和其他直接责任人员"属于处罚单位犯罪责任主体的典型规定，这样的表述只会出现在单位犯罪中。

其二，在个别劳动法律关系中，双方主体是劳动者和用人单位。在集体劳动法律关系中，集体合同仍然是以用人单位的名义签订的。用人单位是具有劳动力使用者资格，能够招收录用劳动者和使用劳动者的劳动能力并向其支付劳动报酬的一方主体。在我国，用人单位的外延涵盖企业、个体经济组织、民办非企业单位、国家机关、事业单位和社会团体，并未包括自然人。重大劳动安全事故罪成立的客观要件是"安全生产设施或者安全生产条件不符合国家规定"。提供符合国家规定的安全卫生设施和安全卫生条件是用人单位的义务，而非某个人的义务。由于安全设施和安全条件未达到法定标准侵犯了劳动者的职业安全法益，从而造成严重后果的，应当由用人单位承担刑事责任。

其三，无论是用人单位的主要负责人、经理、实际控制人还是其他对安全生产负有责任的高级管理人员和职工，他们履行职务的行为应当视为单位行为。通常情况下，单位的负责人和其他管理人员是否承担个人责任以其在履行职务过程中有无过失为条件，只有存在过失时才应承担个人责任，否则应由单位承担责任。对于直接责任人员的处罚能够起到安抚受害劳动者及其家属、预防犯罪的作用，但并不因此改变本罪的犯罪主体是用人单位的本质。同时，在安全生产设施和条件上缩减投入，甚至弄虚作假、以次充好，节省的是用人单位的资金，"单位享受犯罪的非法利益，而由个人背负罪名，支付犯罪成本，有失公正"①。

2. 重大劳动安全事故罪的反思

重大劳动安全事故罪侵犯的是劳动者的职业安全权，劳动者天然的职业安全需求要求用人单位为此付出积极的行动，保证劳动者在职业劳动过程中的人身和财产安全。重大劳动安全事故的发生说明用人单位严重违反了劳动法上的相关义务，具有刑事可罚性，但发生重大

---

① 冯彦君. 重大劳动安全事故罪若干问题探析［J］. 国家检察官学院学报，2001（2）：32.

劳动安全事故也并非用人单位追求和期待的，只是对危害社会的后果存在疏忽大意或侥幸心理，因此本罪是过失犯罪。总体上看，《刑法修正案（六）》对重大劳动安全事故罪的修改较为科学合理，但仍有待改进之处。

如前所述，重大劳动安全事故罪是单位犯罪，但最终受到处罚的却是自然人，即"直接负责的主管人员和其他直接责任人员"。单位犯罪是由单位和其内部成员共同实施的，没有本单位主管人员的默许、纵容，就不会发生重大劳动安全事故，从这个意义上，单独处罚直接责任主体似乎有一定的道理。然而，现代社会的单位与以往已经有了很大的不同，所有权与经营权相分离、具有现代化的技术和自己独特的运营规则，大大削弱了单位组成人员在单位决策与运转过程中的作用。单位的法定代表人和主要负责人的行为必然会受到单位整体目标的影响，做出某个重大决定通常不是一人之决策，而是单位集体意志的体现。当单位的目标政策中含有刺激、鼓励法定代表人等成员实施犯罪的要素时，单位自身的因素成为导致单位犯罪的原因。① 安全生产设施或者安全生产条件不符合国家规定是用人单位集体决策的结果，动机也无非是促进利润最大化的实现，节省下来的资金由单位享有，非法利益的最大受益者自然是单位。如此看来，重大劳动安全事故的发生固然与用人单位主要负责人的业务过失有一定联系，但用人单位管理体制和防范机制的不足也是导致事故发生的重要原因。如果仅仅是"单罚"，用人单位可以通过牺牲个别人员完成犯罪，只处罚直接责任人员而不处罚单位，无法对职业安全事故的发生起到良好的抑制效果。因此，有必要变"单罚"为"双罚"，既对单位判处罚

① 黎宏. 完善我国单位犯罪处罚制度的思考［J］. 法商研究，2011（1）：80.

金，又对直接负责的主管人员和其他直接责任人员处以刑罚。

劳动安全与劳动卫生紧密相连，两者皆以保护劳动者的职业安全权为主要目标，然而不论在理论还是实践中都存在"重安全生产，轻劳动卫生"的基本倾向。我国《职业病防治法》第八十四条规定："违反本法规定，构成犯罪的，依法追究刑事责任。"但刑法却并未对此做出回应，导致该条规定成为一纸空文。因违反国家规定导致重大劳动安全事故发生的，用人单位的直接责任人员将承担刑事责任。同样是违法行为，发生重大职业病危害事故却无人需要承担责任，不能不说是一种缺憾。

（二）重大责任事故罪

《刑法修正案（六）》对重大责任事故罪①的修改包括以下几个方面：一是取消了本罪的犯罪主体限制，不再将其限定为"工厂、矿山、林场、建筑企业或者其他企业、事业单位的职工"，群众合作经营组织和个体经营户的从业人员以及无照施工经营者都可以成为本罪的犯罪主体；二是确定本罪只能发生在生产、作业中，此处的"生产、作业"应理解为公共安全管理范围内的生产、作业，即一旦发生事故会对公共安全产生威胁的制造、加工、营运等活动；三是将"违反有关安全管理的规定"作为本罪的成立要件，且限于"在生产、作

---

① 原规定为"工厂、矿山、林场、建筑企业或者其他企业、事业单位的职工，由于不服管理、违反规章制度，或者强令工人违章冒险作业，因而发生重大伤亡事故或者造成其他严重后果的，处三年以下有期徒刑或者拘役；情节特别恶劣的，处三年以上七年以下有期徒刑"。修改后规定为"在生产、作业中违反有关安全管理的规定，因而发生重大伤亡事故或者造成其他严重后果的，处三年以下有期徒刑或者拘役；情节特别恶劣的，处三年以上七年以下有期徒刑。强令他人违章冒险作业，因而发生重大伤亡事故或者造成其他严重后果的，处五年以下有期徒刑或者拘役；情节特别恶劣的，处五年以上有期徒刑"。

业中违反有关安全管理的规定"；四是将重大责任事故罪和强令违章冒险作业罪进行分离，使得修改后的刑法第 134 条事实上包含两个独立的罪名——"重大责任事故罪"和"强令违章冒险作业罪"。

1. 重大责任事故与重大劳动安全事故罪的区别

重大责任事故罪与重大劳动安全事故罪同为危害劳动安全的过失犯罪，且均造成了严重的后果，两者的区别主要在于：首先，犯罪主体不同。重大责任事故罪的主体是自然人，只要在生产、作业中违反相关规定，造成了严重后果的个人均可构成此罪，但单位并不能成为此罪的主体；重大劳动安全事故罪应当是单位犯罪，但仅处罚直接责任人员。其次，侵害的客体不同。重大责任事故罪侵害的客体是生产安全以及劳动者的职业安全；重大劳动安全事故罪侵害的客体是劳动者的职业安全以及重大公私财产安全。再次，客观方面不同。重大责任事故罪是在生产、作业中违反有关规定，造成了严重的后果；重大劳动安全事故罪的客观方面是安全生产设施或条件违规，从而发生重大伤亡等严重后果。最后，行为表现不同。重大责任事故罪既包括积极的作为，如实施违规的生产、作业行为，也包括消极的不作为；重大劳动安全事故罪一般表现为不作为的方式，如对事故隐患视而不见。

《最高人民法院、最高人民检察院关于办理危害矿山生产安全刑事案件具体应用法律若干问题的解释》规定重大责任事故罪的主体包括"对矿山生产、作业负有组织、指挥或者管理职责的负责人、管理人员、实际控制人、投资人等人员，以及直接从事矿山生产、作业的人员"。重大劳动安全事故罪的主体也包括矿山生产经营单位负责人、管理人员、实际控制人、投资人，当重大责任事故罪和重大劳动事故罪的主体和客观方面出现竞合时，应如何处理成为难题。一方面，当两罪中的某罪情节显著较重时，可以比照"重罪吸收轻罪"的原则，以情节明显较重的罪名定罪。另一方面，由于两罪的法定刑相同，当两罪的情节相当时应当以重大劳动安全事故罪定罪。这是因为单位的负责人、实际控制人等作为能够对单位决策产生重大影响的人员，有责任在维持单位正常运转的同时保证工作场所内部所有人员的人身安全。发生安全生产事故说明单位的负责人、实际控制人等未能尽到管理义务和对劳动者的照顾义务，因此应当以重大劳动安全事故罪定罪。

2. 重大责任事故罪之检讨

《刑法修正案（六）》对重大责任事故罪的修改具有一定的进步性，如取消了犯罪主体的限制、分解了重大责任事故罪与强令违章冒险作业罪等，但仍存在一定问题。

（1）未将单位列为重大责任事故罪的主体

根据现行规定，重大责任事故罪的主体只能是自然人，单位并不能构成此罪。然而，追究重大责任事故的发生原因可以发现，单位负有不可推卸的责任。一方面，单位的安全生产监督管理制度必定存在缺陷和疏漏，如此才会导致有关人员未能对安全生产工作给予足够重视，经常性地在生产作业中违反安全管理规定。如果用人单位能够落实安全生产责任制度，尽到安全生产监督管理义务，及时排除安全隐患，安全生产事故的发生将微乎其微。另一方面，将单位排除于重大责任事故罪的犯罪主体范围实际上是将单位应当承担的责任转嫁给个人，使得本应受到处罚的单位逍遥法外。司法实践中，被追究重大责任事故罪的主体有部分为单位的生产一线操作人员，他们的工资待遇并不高，工作压力较大，承担着最重的法律责任。犯罪主体的缺失直接导致责任分配的不公正，在追究所谓直接责任人员的刑事责任时必须考虑其行为是否为职务行为，如果是自作主张地违反安全管理规定，导致重大事故发生的，当然构成犯罪。如果是在单位的授意之下，由于执行单位的决策而造成了严重后果的，单位应当承担违规决策的法律责任。仅将自然人列为本罪的犯罪主体，不仅为单位逃避法律责任提供了方便，更难以起到预防安全生产事故的积极作用。

（2）对安全事故犯罪结果犯的质疑

同重大劳动安全事故罪一样，重大责任事故罪也是结果犯、实害犯，即只有造成了重大伤亡等严重后果才能构成此罪。然而，安全事故犯罪一旦既遂，对社会造成的危害是难以估量的，劳动者的生命一旦失去无法挽回，劳动者的健康遭到严重破坏后将承受终生的痛苦。将安全事故犯罪界定为结果犯，要求必须发生重大伤亡后果方成立犯罪既遂，无疑助长了用人单位的侥幸心理，不利于单位安全生产条件的改善。

有学者提出："对那些主观恶性比较重，损害结果虽未发生，但发生的可能性极大，且可能造成的损害结果巨大的严重过失行为，可考虑在分则中特别规定为危险状态构成的过失犯罪。"① 国外一般将劳动安全卫生方面的犯罪规定为危险犯，即使行为人主观上并不希望发生职业安全事故，客观上也没有发生安全事故，但只要行为人的行为给劳动者的生命健康和公共安全带来了实际的危险，就可以追究其刑事责任，只是在处罚程度上与造成实际损害结果的行为有所区别。如加拿大《职业安全卫生法》规定："任何人违反或不遵守下列规定（1）本法的规定；（2）监察员或指挥者的命令和要求；（3）部长的命

---

① 王伊端，王晨. 晚近过失犯罪发展趋势研究［C］//中国高级法官培训中心、全国法院干部业余法律大学《首届学术讨论会论文选》. 北京：人民法院出版社，1990：55.

令，属于犯罪行为，须承担最高不超过 25 万加元的罚金或最长不超过 1 个月的监禁，或二者并罚。"①

（三）强令、组织他人违章冒险作业罪

《刑法修正案（六）》将强令违章冒险作业罪从重大责任事故罪中分离出来，具有相当合理性。原规定实际上囊括了两个罪名，但却将两罪合一而罚，不利于对劳动者职业安全权的全面保护。《刑法修正案（六）》在将强令违章冒险作业罪单列出来的同时，提高了该罪的法定刑，将一般情节的法定刑上限由 3 年提高至 5 年，特别恶劣情节的法定刑上限由 7 年提升至有期徒刑的最高刑期。《刑法修正案（十一）》将强令违章冒险作业罪修改为强令、组织他人违章冒险作业罪。之所以提高强令违章冒险作业罪的法定刑幅度，是因为司法实践中许多劳动安全事故的发生，都与单位负责人的强令违章行为有密切联系。生产一线的相关人员由于具备了专业的知识技能，往往能够发现生产作业中的隐患，因而不愿继续冒险作业，但有关负责人明知危险仍强令他人违章作业，最终酿成不可挽回的惨剧。可以说与一般的违规行为相比较，强令他人违章冒险作业的行为对公共安全的危害性更大，情节也更为严重，因此《刑法修正案（六）》将强令违章冒险作业罪单列出来，并规定了较重的法定刑。《刑法修正案（十一）》新增了"冒险组织作业"的行为方式，扩大了本罪的适用范围。

强令、组织他人违章冒险作业罪的关键在于如何认定"强令"行为，"强令"一词本意是指强者对弱者的命令，能够强令他人违章冒险作业的一般是拥有指令权的生产经营管理者，而接受指令的大多是生产一线的操作人员和本单位的普通职工。发出强令指令的行为人应

① 范围. 工作环境权研究 [M]. 北京：中国政法大学出版社，2014：158.

当明知强迫行为可能带来危险，但仍执意要求他人违章冒险作业；接受指示的相对人应当知晓作业中存在的安全隐患，并表示不愿进行违章冒险作业。强令行为应当以一定的形式表现出来，言语方面可以是大声命令、辱骂、指责等，行为方面可能是以开除、降职等不利后果相威胁，如果仅仅是一般的劝说或者是以利相诱，而并无强制压迫的行为，则不构成"强令"。同时，强令行为应当有一定的限度，如果生产经营管理者以伤害或杀害他人为手段，强迫劳动者违章冒险作业，就发生了罪质的转化。故意非法伤害他人身体，达到一定严重程度的，构成故意伤害罪；故意非法剥夺他人生命的，转化为故意杀人罪，而不能按强令违章冒险作业罪定罪量刑。

强令他人违章冒险作业因而发生严重后果的构成犯罪，那么被强令违章冒险作业的人员是否也应承担刑事责任？期待可能性理论认为，从行为人为某种行为时的具体情况来看，可以期待行为人不实施违法行为，而为适法行为。期待可能性作为一种判断，应当有一定的标准，只有站在行为人的立场上，设身处地考虑行为人做出意志选择的可能性，才能使归责更合情理。① 以行为人标准考察被强令者是否构成犯罪，需要具体问题具体分析，难有统一答案。如果强令者仅是一般的命令行为，被强令者并未丧失意志自由，完全有余地可做出适法选择，而行为人却置公共安全于不顾，仍然实施了违章冒险作业行为，此时被强令者应当承担刑事责任。但在强令者以降职、减薪、开除等关系到相对人切身利益的后果相威胁时，行为人的自由意志因此受到了压制，应当从轻或减轻处罚。如果强令者以暴力手段相威胁，被强令者的人身安全处于极度的危险之中，此时被强令者完全失去了选择的余地，

---

① 陈兴良. 期待可能性问题研究 [J]. 法律科学, 2006 (3): 72.

保护自己的生命健康成为唯一的任务，这种情况下，由于被强令者几乎丧失了自由意志，不具有可非难性，所以不应承担刑事责任。

（四）不报、谎报安全事故罪

发生安全事故后，如果能够及时报告，动员一切力量组织抢救，就很有可能抓住救援的黄金时间，挽救更多的生命。然而，一些用人单位在发生劳动安全事故后，第一时间考虑的不是如何救治受伤和被困人员，而是千方百计地逃避责任，隐瞒安全事故。为了解决实践中出现的大量瞒报、谎报安全事故的现象，更好地保障广大劳动者的生命安全，《刑法修正案（六）》增设了不报、谎报安全事故罪："在安全事故发生后，负有报告职责的人员不报或者谎报事故情况，贻误事故抢救，情节严重的，处三年以下有期徒刑或者拘役；情节特别严重的，处三年以上七年以下有期徒刑。"

本罪的犯罪主体是在安全事故发生后，负有报告义务的相关人员，因此本罪为自然人犯罪。负有报告职责的相关人员范围较广，主要包括三类：一是生产经营单位的法定代表人、主要负责人、实际控制人、投资人以及单位中承担安全生产监督管理职能的个人；二是事故现场的领导者、指挥者、调度者等责任人员；三是地方政府安全生产监督管理部门的负责人和主管人员。那么，事故现场的普通劳动者是否属于负有报告职责的人员？理论上来说，每一个目睹安全事故的公民都有报告的义务，此种义务来源于公共需要，即社会生活中的每个成员都应承担维护公共利益的基本责任。但并非不履行安全事故报告义务就构成犯罪，只有具有法定报告职责的人员不报事故情况的才构成犯罪。普通劳动者或公民的报告义务更多地体现为一种道德义务，不能进入刑法的评价范围。

不报、谎报安全事故侵犯的客体是劳动者的职业安全权和国家的安全生产监督管理秩序，不报、谎报安全事故的社会危害极大。一方面，隐瞒安全事故会贻误最佳抢救时机，救援界普遍认为，灾害发生之后的72小时之内，被困人员的存活率极高，因此被称为"黄金72小时"。发生安全生产事故后，如果用人单位能够及时上报，地方政府立即做出反应，组织专业的救援队伍，调动一切可能的人力、物力、财力，积极营救被困劳动者，就有可能抓住宝贵的救援时机，挽救更多生命的同时令损失降至最低。另一方面，不报、谎报安全事故直接导致地方政府信誉下降，破坏政府的公信力，不利于社会的和谐稳定。不报、谎报安全事故的行为显然是刻意为之，因此不报、谎报安全事故罪的主观方面应当是故意，不可能是过失。

本罪的客观方面是不报、谎报事故情况，贻误事故抢救，情节严重或情节特别严重。第一，本罪的时间要素是在安全事故发生以后，还存有抢救时机。虽然已经发生安全事故，但根本不存在抢救的可能，无法进一步降低人员伤亡或财产损失，此时并不能构成本罪。第二，本罪的行为方式特殊，不报或谎报安全事故两种行为方式只要符合其中的一种就可构成本罪。不报安全事故指安全事故发生后，未向有关部门和相关人员报告事故情况；谎报安全事故指虽然进行了报告，但报告的数据和信息与真实情况并不相符，也包括隐瞒部分情形未报告全部的事故情况。第三，本罪的结果要素是"贻误事故抢救"，指的是由于不报或谎报的行为导致失去了抢救时间，使事故后果进一步扩大，且不报、谎报行为与"贻误事故抢救"之间存在因果关系。① 第

---

① 刘明祥.《刑法修正案（六）》对安全事故犯罪的修改与补充 [J]. 人民检察，2006（21）：41.

四，本罪以"情节严重"为成立要件。《最高人民法院、最高人民检察院关于办理危害矿山生产安全刑事案件具体应用法律若干问题的解释》提出"情节严重"包括：决定或指使、串通有关人员不报、谎报事故情况；抢救期间擅离职守或逃匿的；伪造破坏现场及相关证据的。"情节特别严重"主要包括两个方面：一是导致事故结果扩大，增加死亡三人以上、重伤十人以上、直接经济损失三百万元以上；二是采用暴力、胁迫、命令等方式阻止他人报告事故情况导致后果扩大的。

（五）危险作业罪

《刑法修正案（十一）》增设了危险作业罪，从保障劳动者职业安全权的角度来看，意义重大。劳动安全事故的发生通常并非偶然，往往存在着一个或几个事前的危险因素。这些危险因素是劳动安全事故的重大隐患，如果能够提前将其排除，就可能避免劳动安全事故的发生。对侵害劳动者重大职业安全的危险行为进行处罚，是刑事立法理念的极大进步。过往中，刑事责任通常是劳动安全事故发生之后的惩罚措施，事前预防功能有限。危险作业罪增设后，极易导致劳动安全事故发生的危险行为如关闭安全监控设备、破坏防护设施、篡改安全生产数据等也被纳入刑法的调整范围。意味着即使没有发生重大伤亡事故或其他严重后果，只要行为人的行为有侵害安全生产法益的现实危险，就需要承担刑事责任。这对于促进劳动安全生产标准化、规范化，保障劳动者的职业安全，无疑具有积极作用。

二、侵犯职业安全权的民事责任

（一）工伤赔偿责任概述

保护劳动者在职业劳动过程中的生命安全和健康安全，不仅是用人单位对国家承担的公法义务，也是用人单位对劳动者应承担的私法义务。劳动者并非为自己的事业而劳动，乃是为用人单位的生产运营而劳动，当劳动者在职业劳动的过程中遭受职业危害时，劳动者自身要承受肉体和精神上的痛苦，由此而产生的经济负担不应由劳动者自己承担。用人单位基于劳动契约对劳动者负有照顾保护义务，当劳动者因职业劳动遭受伤害时，用人单位必须承担工伤赔偿责任。作为民事责任范畴的工伤赔偿责任，在保障劳动者职业安全权方面发挥着重要作用。

工伤赔偿责任以发生工伤损害为前提，工伤损害的构成要件有三：一是生产劳动过程中受伤害的劳动者应当与用人单位之间存在劳动关系，劳动关系的认定不依赖书面劳动合同，只要存在雇佣劳动的事实，即可认定存在劳动关系；二是工伤损害既包括因工受伤、残疾、死亡，也包括各种急慢性职业病，但以人身损害为限，且人身损害是由工伤事故所引起的，生命权、健康权、身体权都可能成为工伤侵害的客体；三是所谓"工伤"应当是因为工作或为了工作而受到的伤害，工作时间或工作地点并非认定工伤的必要条件，损害与工作之间的牵连性才是构成工伤的关键。根据我国《工伤保险条例》的规定，劳动者虽符合认定为工伤或视同工伤的规定，但存在下列情形的，不能认定为工伤：（一）故意犯罪的；（二）醉酒或者吸毒的；（三）自残或者自杀的。

（二）工伤赔偿责任的法律性质

工伤赔偿责任具有双重性质，一方面，侵害他人民事权益的，应当承担侵权责任。20 世纪以前，工伤事故皆由民法调整，起初在"危险自担说"理论的主导下，劳动者在生产劳动中所受损害均由自己承担，毫无公平性可言。为了更好地保护劳动者权利，缓和社会矛盾，19世纪末，一些国家陆续制定法律，确立了工伤赔偿的无过错责任，即劳动者因工受伤，无论雇主是否存在过错，都负有赔偿责任。另一方面，随着社会的不断发展，工伤赔偿不仅由"过错责任"发展为"无过错责任"，更在此基础上形成了现代的工伤保险制度，国家通过立法全面推行工伤社会保险，增进社会福祉。为职工缴纳工伤保险费用是用人单位的基本义务，工伤保险作为国家强制性保险，实行无过错责任原则，即只要劳动者发生工伤，就应当享受工伤保险待遇。可以说，工伤赔偿责任具有侵权责任和工伤保险责任的双重性质。

承认工伤赔偿责任的双重属性符合我国的实践需要。虽然工伤保险具有强制性，理论上来说所有的劳动者都应当在工伤保险的覆盖范围之内，享受工伤保险待遇。但我国的许多个体、私营企业为了节省开支，置法律规定于不顾，未依法为劳动者缴纳工伤保险费，否定工伤赔偿的侵权责任性质，不利于保护无法获得工伤保险待遇的劳动者。同样，否定工伤赔偿的工伤保险责任性质，无益于保障工伤保险计划内的劳动者。应当说，工伤保险制度的建立和完善是历史的进步，劳动者通过放弃起诉雇主的权利，获得较为快速的赔偿；雇主通过缴纳工伤保险费用免去本应承担的赔偿责任。从最初的仅有雇主可以获得诉讼豁免，发展至现在的工伤保险覆盖范围内的雇主和劳动者均享有诉讼豁免，工伤保险有效地维护了劳动者和雇主的双方利益，并最终将基于过错责任的雇主责任转化为基于无过错责任的工伤保险责任。在我国，民法和劳动法作为两个独立的法律部分，分别调整民事法律关系和劳动法律关系，对于工伤赔偿，民法从侵权行为的角度加以规范，劳动法从工伤保险的角度加以规范，构成了民法和劳动法之规定在工伤赔偿上的竞合。①

（三）工伤保险与民事赔偿请求权的竞合

在社会保险制度诞生以前，发生工伤事故后劳动者仅有侵权行为法一条救济途径；工伤保险制度产生以后，职业灾害中的受伤劳动者获得了另一种救济方式——工伤保险赔偿。两种救济方式的优点与弊端都非常明显：工伤保险以保障受伤劳动者的基本生活为目的，以无过错责任为归责原则，发生工伤事故后劳动者能够及时获得补偿；缺点在于，一是依工伤保险所获赔偿通常低于依侵权行为法所获人身损害赔偿，二是对于精神损害，一般情况下不得要求赔偿。侵权损害赔偿以全面补偿受害人的损失为宗旨，精神损害赔偿也涵盖于内，但求偿难度较高，周期偏长，不确定因素较多。对于两种不同请求权的竞合，世界各国的处理原则各不相同，大体上存在选择模式、相加模式、补偿模式和替代模式四种。

其一，选择模式下，工伤事故中受伤的劳动者可以自主选择工伤保险给付或人身损害赔偿，但两种请求权互相排斥，选择其中的一种，另一种就不再适用。选择模式虽然充分尊重了当事人的自由意志，但弊端在于一方面实务中操作较为复杂，另一方面劳动者为了快速获得救济，最终的选择可能对自己并非有利。

其二，相加模式也称兼得模式，指发生工伤后，允许受伤劳动者同时请求工伤保险待遇和人身损害赔偿，获得双份补偿。相加模式对于受伤劳动者而言是最有利的，但却可能使劳动者所获赔偿超过其实际损害，与传统的法律原则相抵触。

其三，补充模式指工伤事故的受害者同时请求工伤保险和民事损

① 杨立新. 工伤事故的责任认定和法律适用（上）[J]. 法律适用，2003（10）：8.

害赔偿，但赔偿金或保险金的取得以实际损失为限，禁止不适当的双重获利。在此种模式下，劳动者通常会先申请工伤保险，对工伤保险待遇和实际损失的差额部分再申请民事损害赔偿。补充模式能够保证受害劳动者获得充分的赔偿，又避免了受害人因事故获得额外的收益，看似较为合理。但有学者认为"这种模式也是低效率的，对一个损害的救济需要提起两次救济程序，增加了当事人求偿的难度，也浪费司法资源……因此，此种模式并不比选择模式高明"①。

其四，替代模式又称免除模式，是以工伤保险救济取代侵权损害赔偿，受伤劳动者只能请求工伤保险待遇而不能请求侵权损害赔偿。劳动者参加工伤保险的所有费用都由用人单位承担，发生工伤事故后，工伤保险基金无条件支付。免除模式的高效率是显而易见的，免除模式的缺点即工伤保险的缺点在于可能无法使劳动者获得完全的赔偿。四种模式各有利弊，采纳哪一种法律模式应当以有利于更好地救助劳动者为主要标准，同时兼顾社会经济的发展情势。在四种法律模式中，免除模式的制度功能最为超然，应为首选，理由如下。

首先，工伤保险制度的设立初衷是为了解决工业事故和职业病的大量泛滥，改善私法在保护劳动者职业安全权和生命健康权方面的缺陷。起初，工伤由私法加以调整，劳动者可以起诉雇主要求经济赔偿，但须证明雇主存在过错，这样的"任务"对劳动者来说较难完成，且即便证明了雇主的过错，雇主也可以其他理由进行抗辩。此种制度安排遭致劳动者的强烈抗议，而雇主们也并不"领情"，因为一旦劳动者胜诉，赔偿金额很可能是天文数字，企业将会因此背负沉重负担甚

---

① 张新宝.工伤保险赔偿请求权与普通人身损害赔偿请求权的关系［J］.中国法学，2007（2）：52.

至直接倒闭。为了回应劳动者和雇主的诉求，一种新的"妥协"制度逐步形成：雇主出资成立工伤保险基金，为工伤和职业病劳动者提供无过错赔偿；劳动者享受工伤的无过错赔偿但需放弃起诉雇主的权利。此种"交易"安排一方面使雇主的工业事故风险得以转移，同时减轻了雇主的经济负担；另一方面可以让劳动者通过一种比民事诉讼更便捷的方式获得法定赔偿，有力地消除了"不公正现象"。① 工伤保险蕴涵的"禁诉"理念是此种制度得以建立的前提条件，对于维护工伤保险制度的正常运行具有重要作用。

其次，免除模式不仅能够为工伤劳动者的基本生活提供强力保障，还能兼顾公平与效率。将工伤赔偿的责任全部落在企业身上并不利于劳动者，因为如果企业的经济状况不良，受伤和患病的劳动者就无法获得赔偿。工伤保险基金在全社会范围内的统筹调度，实现了对受伤劳动者的快速赔付，其效率价值昭然。企业繁重的工伤赔偿负担因此减轻，工伤和职业病劳动者也享有了安全可靠的保障。与补充模式相较，替代模式不仅高效，也更加公平。工伤赔偿应当坚持统一的赔偿标准，即受到同等伤害的劳动者获得同样数额的赔偿。在补充模式下，损害赔偿部分可能受到企业经济条件、当地社会生活水平、法官主观偏好等多种因素的影响，导致极有可能是遭受同样损害的劳动者获得迥异的赔偿数额。同样，选择模式和相加模式均效率低下，选择模式过于依赖当事人的法律知识水平，相加模式使当事人获得超额赔偿，有违公平原则。综合来看，能够在效率和公平价值之间寻到平衡支点，又兼顾劳动者和用人单位双方利益的非免除模式莫属。

---

① 李满奎. 工伤保险体系中的"诉讼禁止条款"研究 [J]. 环球法律评论，2010（4）：22.

最后，侵权损害赔偿形式单一，主要是对工伤和职业病劳动者的经济赔偿；工伤保险待遇不仅包括工伤补偿，还有工伤康复。发生工伤后，对受伤者的经济补偿固然重要，帮助受伤劳动者恢复劳动能力、重新走上工作岗位更是全社会的责任。在预防、康复、补偿"三位一体"制度安排下，工伤保险保全劳动者劳动能力和维护社会稳定的价值功能凸显，可以说在保障社会利益方面，整体主义理念下的工伤保险明显优于个体主义进路下的侵权损害赔偿。反对工伤保险全面替代民事赔偿的主要理由在于：通常情况下，工伤保险给付低于侵权损害赔偿，采用免除模式，受害人将无法获得完全赔偿。其实，通过提高工伤给付水平就可以解决这一问题。

替代模式下，关于精神损害赔偿问题有两种解决方案，一是将对工伤劳动者的精神损害赔偿囊括在伤残补助金和工亡补助金之内，通过提高一次性伤残补助金和一次性工亡补助金的赔偿标准达到补偿劳动者及其亲属精神损害的目的；二是在工伤赔偿项目中单独设立精神抚慰金，符合规定条件的劳动者及其亲属均可申请。随着我国经济社会的持续发展，工伤保险赔付标准也将不断提升，建立工伤救济的统一模式，以工伤保险全面替代侵权损害赔偿，是消解社会矛盾、促进法制发展、推动社会进步的必然选择，唯此才能达到效率与公平的均衡，实现劳动者与企业的双赢。

三、侵犯职业安全权的行政责任

劳动法上，强调保护劳动者的职业安全权有特殊的意义。一方面劳动关系具有人身关系的属性，劳动者是劳动力的物质载体，过度使用劳动力会给劳动者的健康造成伤害。由劳动者本人自主使用劳动力并不会出现矛盾，当用人单位掌握了劳动力的支配和使用权时，可能会导致权利义务的失衡，劳动者的健康和安全处于风险之中。另一方面，由于劳动关系中存在一方弱者，劳资双方的力量处于失衡状态，因此，出于公平正义的考量，需要国家对劳动关系进行干预，以缩小劳动者与用人单位之间的实力差距。当用人单位违反劳动法规定时，国家有权予以纠正，并对违法行为进行行政处罚，这既是保护劳动者健康与安全的实践需要，也是国家履行法定义务的表现。

（一）国家的劳动监察权

劳动监察，是由劳动行政部门内部的特定机构和人员，对用人单位遵守劳动法律法规的情况进行检查和监督，并对违法行为予以处罚的劳动执法行为。劳动监察的主体是劳动行政部门，监察对象包括用人单位和劳动服务机构，监察的内容是用人单位遵守劳动法律、法规和规章的情况，监察的手段包括劳动监督、劳动检查和劳动处罚。劳动监察执法具有单方性的特征，即监督的对象主要为用人单位，这是因为：

其一，用人单位作为依法成立，具有用人权利能力和用人行为能力的组织体，应当严格遵守劳动安全卫生法的相关规定，尊重劳动者的正当权益。然而，由于用人单位占据天然的强势地位，很容易滥用此种优势，可以看到实践中违反劳动安全卫生法的多数是用人单位，而非劳动者。所以，必须有外在的制约机制对用人单位的行为进行监督，确保弱势一方的生存空间不被挤压，平衡劳动关系双方主体利益。其二，劳动者的不当行为主要由用人单位进行纠正，无需国家公权力的介入，用人单位可以通过惩戒权对劳动者的违规行为予以监督，但惩戒只限于财产上的，且程序必须合理正当。

劳动监察的内容主要包括以下三个方面：一是用人单位遵守劳动安全卫生法的情况；二是用人单位遵守劳动基准法规定之情况；三是用人单位执行社会保障法规定的情况。劳动监察对于劳动者职业安全权的实现具有重大意义。

首先，劳动行政部门在劳动监察的过程中能够发现用人单位在劳动管理工作中存在的问题以及工作场所中存在的安全隐患。通过运用劳动执法权，劳动行政机构可以责令用人单位立即停止违法行为，排除工作场所中的危险因素，并对用人单位施以处罚。这必然会推进用人单位改善工作环境，加强劳动管理，减少安全生产事故的发生，从而保护劳动者免遭职业伤害。

其次，当劳动者的职业安全权益被侵害时，劳动者出于多种顾虑无法通过劳动仲裁或劳动诉讼主张权利时，劳动监察的介入无疑给劳动者提供了强有力的支持。劳动监察员在履行监察任务时，应当严格遵守保密规定，不得向他人泄露举报者身份和案情，防止用人单位对举报者实行打击报复。

最后，任何法律都不可能是完美无瑕的，劳动安全卫生立法的缺陷在所难免，发现并暴露劳动安全卫生法的不足是推动劳动法发展的必经程序。劳动行政部门在劳动监察的过程中可以看到劳动安全卫生法的漏洞，并反馈给劳动立法机关，促进劳动立法的完善和进步。

（二）用人单位侵犯劳动者职业安全权的行政责任

我国的劳动监察机构对于职业安全卫生的监察仅限于劳动基准，职业安全卫生的监察工作主要由安全生产监督管理部门负责。根据我国《劳动监察保障条例》的规定，用人单位侵犯劳动者职业安全权应当承担罚款和限期改正的责任，其中罚款是主要的责任方式。用人单位有以下行为的，由劳动保障行政部门责令改正，按照受侵害的劳动者每人 1000 元以上 5000 元以下的标准计算，处以罚款：安排女性劳动者从事矿山井下劳动、超体力劳动强度的劳动和其他禁忌劳动的；安排女性劳动者在经期、孕期、哺乳期从事禁忌劳动或超体力劳动强度的劳动；安排哺乳期或怀孕 7 个月以上的女性劳动者夜间劳动或加班的；未给予女性劳动者 90 天产假的；安排未成年劳动者从事矿山井下、有毒有害、超体力劳动强度的劳动以及其他禁忌劳动的；未对未成年劳动者定期进行健康检查的。

除罚款和责令限期改正外，我国《劳动法》还规定了责令停产整顿的责任承担方式："用人单位的劳动安全设施和劳动卫生条件不符合国家规定或者未向劳动者提供必要的劳动防护用品和劳动保护设施的，由劳动行政部门或者有关部门责令改正，可以处以罚款；情节严重的，提请县级以上人民政府决定责令停产整顿。"

我国《安全生产法》对用人单位未履行劳动安全保障义务应当承担的行政责任做出了明确规定，如第一百一十三条："生产经营单位存在下列情形之一的，负有安全生产监督管理职责的部门应当提请地方人民政府予以关闭，有关部门应当依法吊销其有关证照。生产经营单位主要负责人五年内不得担任任何生产经营单位的主要负责人；情节严重的，终身不得担任本行业生产经营单位的主要负责人。"《职业病防治法》也对用人单位未尽到职业病防治义务需要承担的责任做了规定，如第七十七条规定："用人单位违反本法规定，已经对劳动者生命健康造成严重损害的，由卫生行政部门责令停止产生职业病危害的作业，或者提请有关人民政府按照国务院规定的权限责令关闭，并处十万元以上五十万元以下的罚款。"

（三）完善我国职业安全监察执法体系的思考

劳动监察按照内容的不同可以分为综合型劳动监察与专门型劳动监察，综合型劳动监察是指劳动监察机构对用人单位遵守劳动法律法规的情况进行全面的监督，综合型劳动监察机构的监察范围较广。专门型劳动监察是指劳动监察机构主要对用人单位执行劳动安全卫生法律法规的情况进行监督检查，专门型劳动监察的专业性、技术性较强。我国的劳动监察模式原则上属于综合型模式，但监察权力极其分散，具有职业安全卫生监察职能的部门包括劳动行政部门、安全生产监督管理部门、卫生行政部门、质量监督检验检疫部门。其中，劳动行政部门主要负责对劳动基准的监察，安全生产监督管理部门对安全生产和职业卫生情况进行监察，卫生行政部门对职业卫生状况进行监督，质量监督检验检疫部门综合管理锅炉、压力容器、电梯等特种设备的安全监察、监督工作。

我国的职业安全监察执法体系存在以下问题：

首先，分散执法模式易造成监察执法内容的重叠和尺度的不一。劳动行政部门依据《劳动法》《劳动保障监察条例》等法律法规开展监察工作；安全生产监督管理部门依据《安全生产法》《职业病防治法》《矿山安全法》等法律法规对用人单位进行监察；卫生行政部门依据《职业病防治法》等法律法规对用人单位的职业卫生状况进行监督；质量监督检验检疫部门依据《特种设备安全法》等法律法规对用人单位特种设备的安全开展监督检查工作。

职业安全卫生立法的分散增加了行政机关的执法成本，多部门共同执法的现状又使得职业安全卫生法律法规的实施效果大打折扣。各个部门依照适用的法律和自己的权限各自为战，劳动监察内容的重叠和矛盾无法避免。一方面，执法部门出于自身利益的考虑极易采取选择性执法，给执法腐败提供了操作的空间。同时，对于责任较大的执法工作，各个职能部门可能推诿扯皮造成监察的真空地带，影响广大劳动者的职业安全利益。另一方面，多部门共同执法无疑会增加用人单位的经营成本，企业要面临多个执法机关的监督、检查，企业的同一违法行为很可能会遭受双重或多重处罚，对于用人单位来说是不公正的。

因此，改变现有分散监管体制，构建统一的职业安全监察模式，是提高劳动安全卫生执法绩效的一剂良方。各国的劳动安全卫生监察工作通常都是由劳动部门负责，如美国劳工部下设的职业安全卫生管理局负责劳动安全卫生法的贯彻实施，劳工部下设的采矿安全保健局承担矿山安全卫生监察工作。日本劳动省作为国家的最高劳动行政机关，负责监督劳动法律法规所制定的各项劳动标准的执行情况。我国应当建立由劳动行政部门统一负责的劳动安全卫生监察体制，将安全生产监督管理机构下设于劳动行政部门，卫生、质监、消防等其他部门可以作为协助部门，提供相关领域专业的咨询和建议。①

其次，我国职业安全监察执法的地方化问题亟待解决。我国各地方的职业安全卫生监察部门不仅受其上级部门的领导，还受地方政府的领导。地方政府不仅要承担地方经济、社会建设的职责，还要承担职业安全监察的职责，压力较大。而职业安全监察部门由于人事、财政上均依附于地方政府，执法时易存在重重顾虑。为了尽量避免职业安全卫生监察执法的地方化，应当由中央垂直领导地方劳动监察部门，将劳动监察机构的人事与财务统一纳入中央财政预算，增强劳动

---

① 范围．工作环境权研究［M］．北京：中国政法大学出版社，2014：343．

监察机构的独立性。

最后，我国职业安全监察执法的权能欠缺，监察力度不足。我国《劳动保障监察》条例规定，劳动保障行政部门实施劳动保障监察，有权采取调查、检查措施；对事实清楚、证据确凿、可以当场处理的违反劳动保障法律、法规或者规章的行为有权当场予以纠正；有权根据调查、检查的结果，做出行政处罚决定。《劳动保障监察条例》赋予了劳动监察机构检查权、调查权、监督权、处罚权，却未赋予劳动监察机构强制执行权。职业安全监察部门即使在执法工作中发现了用人单位的违法行为，但由于没有强制执行权，无法对用人单位采取查封、扣押财产、留置责任人员等强制措施，只能向法院申请强制执行，职业安全监察的威慑力较弱，无法给予侵犯劳动者职业安全权的用人单位有效制裁。我国现行的行政强制执行模式是以申请人民法院强制执行为主，行政机关自力执行为例外，主要是出于保障相对人合法权益、防止行政权力滥用的考量，但此种模式既增加了行政执法成本，又降低了行政执法效率。职业安全和职业卫生关系到劳动者的人身安全和生命健康，执行时间的拖延很有可能酿成无法挽回的悲剧。因此，应适当赋予劳动监察机构行政强制权，当发现工作场所中存在影响劳动者健康安全的危险因素时，有权强令用人单位即时采取改正措施，消除职业安全风险。

四、职业安全权的社会法责任探析

自古罗马法学家乌尔比安在《法学阶梯》第一编中提出公法和私法的观点以来，公法与私法的分类历经两千余年仍然是法学研究主要的分类标准。以二元法律结构为依托，法律责任也相应划分为公法责任和私法责任，公法责任主要是刑事责任和行政责任，私法责任以民事责任为典型。然而，公法与私法的划分难以穷尽所有的法律现象，在公私法不断交融的过程中，出现了兼具公私法因素的社会法，对原有二元责任体系形成了冲击。

（一）社会法产生的基础与内容

19世纪末期，西方主要资本主义国家由自由竞争阶段迈向垄断阶段，自由竞争时期个人权利本位的价值观也逐渐向社会本位价值观转变。二战后，欧洲兴起了福利体制的潮流，以平等、正义、整体观念为基础的福利国家理论在世界范围内产生了巨大影响，并促成了社会法的产生。实证哲学的奠基人孔德指出，社会的出现主要是出于社会本能和人类团结的需要，合作是社会产生的根源，"合作原则，无论是自发的或者议定的，都是社会的基础，而社会的目的永远是要在那伟大的合作计划中使每一个成员各得其所"①。在社会成员分工合作的同时，由于存在着智力、能力、天赋的差异，社会会自然向着一种不平等的方向发展，强调自由竞争只能使弱者愈弱、强者愈强。雇主作为生产资料的拥有者，非常乐意见到工人之间的直接竞争，因为人人都怕失掉工作，资本所有人就可以将工资不断降低。如果不能对自由竞争加以调节，对社会弱者进行保护，社会将会失去赖以存在的基础——合作将被欺凌而取代。

社会法产生的前提正是大量社会弱者的存在，这些弱势群体处于社会底层，缺乏生活来源和保障，过着贫困落后的生活。社会法的出现是社会进步的表现，社会法的目的不在于制裁和惩罚，而在于保障和维护社会利益。"现代法律的一个重要走向就是在追求平等保护的

---

① ［英］汉默顿. 西方名著提要 ［M］. 北京：中国青年出版社，1957：332.

大前提下，对社会弱者进行倾斜保护，社会法脱离私法而独立发展就是此种努力的一个明证。"①

与民法的个人权利本位、行政法的国家权力本位不同，社会法以社会利益为本位。罗斯科·庞德将社会利益分为六个方面，一是一般安全的社会利益，二是社会制度安全的利益，三是一般社会道德利益，四是保护社会资源的利益，五是一般进步的社会利益，六是个人生活的社会利益。随着人类社会的不断进步，还会有新的社会利益出现，而法律的任务则是努力保障这些利益的实现。② 社会法对社会利益的维护既是社会安全的需要又是社会正义的体现：安全是正常人的社会本能，这种本能使得人们联合起来以达到长久的安全；人们在合作的同时又要避免对他人安全的侵犯，社会法既保护社会安全又对社会成员的扩张性本能进行限制。"社会正义必须解决的问题是优势和劣势在社会成员之间如何分配"③，由于市场难以阻却歧视，社会资源占有稀少的弱势群体需要法律的特别保护，"确立社会正义原则和反歧视规则也就成为社会法得以存在的理论基础"④。社会法调整的社会关系的特点正是形式平等掩盖下的实质不平等。

（二）社会法责任的特殊性

私法的个体权利本位带有明显的功利色彩，因此，民事责任以对受害人的补偿为主要目的，赔偿损失是最基本的民事责任形式。在民事法律关系中，权利义务具有对等性，一方的权利是另一方的义务，

---

① 冯彦君. 社会弱势群体法律保护问题论纲 ［J］. 当代法学，2005（4）：37.
② 孙文恺. 社会学法学 ［M］. 北京：法律出版社，2005：208-217.
③ MILLER D. Principles of social justice ［M］. Cambridge，MA：Harvard University Press，1999：11.
④ 郑尚元. 社会法的存在与社会法理论探索 ［J］. 法律科学，2003（3）：40.

没有无义务的权利，也没有无权利的义务。在社会法的法律关系中，由于强调弱者保护和倾斜保护，双方当事人的权利义务并不具有对等性。劳动法上的倾斜保护最为明显，通过建立强制性的劳动基准，限制用人单位的契约自由；通过赋予劳动者团体结社权，扶持劳动者力量的壮大；通过证明责任的不对等分配，保护劳动者的利益主张。当劳动者在职业劳动过程中遭受损害，即使用人单位不存在过错，仍需要承担严格的法律责任。而当劳动者在劳动的过程中给用人单位造成损失时，其承担赔偿责任以故意为限，"至于损害因过失发生者，法院得衡量过失之轻重及损害之程度，减轻或免除赔偿责任"①。我国《工资支付暂行条例》规定："因劳动者本人原因给用人单位造成经济损失的，用人单位可按照劳动合同的约定要求其赔偿经济损失。经济损失的赔偿，可从劳动者本人的工资中扣除。但每月扣除的部分不得超过劳动者当月工资的 20%。若扣除后的剩余工资部分低于当地月最低工资标准，则按最低工资标准支付。"

在违约责任的承担上，社会法与民法也存在着显著差别。我国《民法典》规定："当事人一方不履行合同义务或者履行合同义务不符合约定的，应当承担继续履行、采取补救措施或者赔偿损失等违约责任。"在劳动法律关系中，当用人单位不当解除或终止劳动合同时，劳动者可以要求继续履行劳动合同；但当劳动者不当解除或终止劳动合同时，用人单位不得强制履行。这是因为"劳动行为具有特定的人身属性，人的自由或者人身自由是高于其他权利的基本权利，废除强制劳动是各国奉行的宪法原则"②。我国《劳动合同法》对用人单位

---

① 黄越钦. 劳动法新论 [M]. 北京：中国政法大学出版社，2003：93.
② 黎建飞. 论社会法责任与裁判的特殊性 [J]. 法学家，2007（2）：6.

单方解除劳动合同做了严格的限制，与此相对，劳动者单方解除劳动合同仅需提前三十日以书面形式通知用人单位即可，无须承担违约责任。《劳动合同法》还规定了劳动者承担违约金的两种情形，在服务期和竞业限制条款中可以约定违约金，除此之外，在任何条件下用人单位均不得与劳动者约定由劳动者承担违约金。违约预定制度的排除已成为世界劳动立法的通例，展现了劳动法倾斜保护弱者、追求实质正义的立法宗旨。

二元法律体系下，法律责任主要是民事、刑事和行政责任，社会法作为公私法相互融合的产物，其法律责任也兼有公法责任和私法责任的属性，惩罚性赔偿就属于社会法责任的代表。惩罚性赔偿具有补偿和惩罚的双重功能，责任人所承担的赔偿超过了对方的实际损失，"这反映出惩罚性赔偿制度不仅关注补偿性赔偿所体现的个体性，还关注第三人和社会。它所体现的民事责任已经超出了私法的范畴，体现出社会法的特点"[①]。我国劳动法、食品安全法、消费者保护法等法律中均有惩罚性赔偿的适用。如《劳动合同法》第八十二条规定："用人单位自用工之日起超过一个月不满一年未与劳动者订立书面劳动合同的，应当向劳动者每月支付二倍的工资。"惩罚性赔偿的社会功能十分突出，"弱者通过'惩罚性赔偿'，获得更多的利益，以扼制强势主体的不法行为。社会法中的'惩罚性赔偿'的出现，打破了公私法之间在法律责任上的界限"[②]。

① 何志锋. 论产品责任中惩罚性赔偿数额的确定 [J]. 博鳌法学论坛暨第七届法官与学者对话民商法论坛论文集，2010：305.

② 董保华，郑少华. 社会法——对第三法域的探索 [J]. 华东政法学院学报，1999（1）：30.

（三）职业安全领域的社会法责任

社会法以保护弱者为己任，以倾斜保护为方式，追求社会利益的最大化，因此，社会法责任也表现出非对等的损害赔偿责任。职业安全领域，雇主对劳动者人身安全的保护责任具有社会法责任的性质。

从雇主安全保护义务的来源看，根本原因是劳动契约所具有的人伦性。劳动者从其本意来说，出卖的仅是劳动力的使用权，但由于劳动力不能与劳动者自身相分离而独立存在，事实上用人单位使用的是劳动者的人身。同时，劳动者的自由意志受到压制，劳动者需按照用人单位的指示进行职业劳动，不能随意劳作。劳动者将身心皆付诸用人单位，用人单位在伦理道德上应当承担保护劳动者安全的责任。雇主的保护义务从表面上看源自劳动契约，从更深层次看来源于社会的伦理正当性。从此意义上可以说，劳动法是保护人伦之法，社会法是人性之法。

在归责方式上，严格责任的适用是传统私法责任社会化的结果。严格责任不讨论行为人的主观对错，而是着眼于对受害者的救济，意味着"以社会客观标准作为衡量法律责任的标准"[1]。严格责任以社会连带理论为基础，社会连带理论认为，社会是由不同群体组成的有机体，无论强者还是弱者都是社会不可分割的组成部分。"每个社会群体及个人之于社会的基本贡献都是不可缺少的，从而是相互平等的。因而弱势群体及成员当然享有平等、无歧视的种属尊严。"[2] 当劳动关

---

[1] 何志锋. 论产品责任中惩罚性赔偿数额的确定 [J]. 博鳌法学论坛暨第七届法官与学者对话民商法论坛论文集，2010：305.

[2] 赵迅，严颂. 弱势群体保护的法哲学诠释——以社会连带为视角 [J]. 法学杂志，2006（5）：127.

系中的弱者——劳动者遭遇职业伤害，即使劳动关系中的强者——雇主并不存在过错，仍然要承担损害赔偿责任，体现了社会对处于弱势地位的社会成员的维护与帮助。

（四）惩罚性赔偿的适用

惩罚性赔偿作为一种社会法责任，其适用有益于社会整体利益的提升。职业安全权既是劳动权的基本内容，又是人权的题中之义；既是生存权，又是发展权。我国实践中对劳动者职业安全权的保护并不完善，为了更好地实现这项重要权利，职业安全领域实有引入惩罚性赔偿的必要。但惩罚性赔偿必须有一定限度，一方面行为人应当有主观上的过错，另一方面只有当惩罚具有公平正义性且能增加社会福利时才可适用惩罚性赔偿。

发生职业灾害后，如果劳动者所在单位依法参加了工伤保险统筹，劳动者可以享受工伤保险待遇，获得高效、快捷的工伤保险赔偿。然而，如果劳动者所在单位没有依法参加工伤保险，或者劳动者所在单位属非法用工，实际并不具备用人资格，劳动者的求偿之路将异常艰难，不仅需要经历一裁两审的漫长等待，最终能够获得的赔偿金额也存在较大变数。更甚者一些无良企业在发生安全生产事故后，企业关闭，负责人失踪，劳动者根本无法获得赔偿。劳动者所在单位不参加工伤保险或无用人资格，实际上剥夺了劳动者获得工伤保险赔偿的权利，此种情况下发生职业安全事故的，可以对劳动者所在单位施以惩罚性赔偿。此外，用人单位以暴力、威胁或者非法限制人身自由的手段强迫劳动，或者违章指挥、强令冒险作业危及劳动者人身安全的，由于其主观恶性较强，对劳动者安全利益的威胁较大，应当承担惩罚性赔偿责任。令人略感遗憾的是，我国劳动法中虽已出现惩罚性赔偿制度设计（如"二倍工资"条款），但并未将其引入职业安全领域，对于用人单位严重侵犯劳动者职业安全权的行为，未来的劳动立法理应给予更多回应。

第六章

职业安全权的前景展望：精神法益保护之强化

职业安全权的法益构成涵盖物质性法益和精神法益。职业安全权对劳动者健康的保护不仅包括身体健康层面的物质性法益，也包括心理健康层面的精神法益。物质性法益之重要性无需多言，作为职业安全权最基本、最传统的法益内容，无疑是法律保障的重心和基石。长期以来，我国关于职业安全权的研究集中于职业安全权的物质性法益方面，相应地，职业安全权之实现所依赖的法律机制无论是保障性机制还是救济性机制，针对的均是职业安全权的物质性法益。物质性法益固然应成为职业安全权法律保障的中心，精神法益亦当纳入职业安全权的涵摄范围。如果说物质性法益保障着劳动者的生理存在，体现了人之为人的基本要求；精神法益则诉说着劳动者的精神需要，凸显了人作为社会主体的更高层次的价值追求。唯有身心的协调与全面安乐才是真正的健康状态。从权利发展的角度来看，职业安全权精神法益之强化会成为一个时代课题。为了更好地保护职业安全权的精神法益，必须努力消除影响精神法益实现的障碍因素，如此，方能完成对劳动者职业安全权的全方位保障。

一、职场压力之管控

(一) 职场压力的界定

职场压力 (work-related stress) 是影响劳动者精神健康的首要因素, 工作场所压力普遍存在, 但由于其具有无形性和潜在性特质, 往往容易受到忽略。想要给职场压力下一个精准的定义并非一件容易的事情, 随着社会的发展进步, "压力" 的内涵也不断丰富。有学者将压力界定为个体对周围环境的应激性反应, 通常以负担和要求的形式表现出来, 也包括环境中的有害因素。① 也有学者将压力理解为人与周围环境的动态交互影响, 并认为当人与环境的匹配度不足时, (职场) 压力就会出现。此处的匹配度一方面指雇员的能力和态度应当满足工作的要求, 另一方面指工作环境应当满足雇员的基本需要, 特别是有利于雇员的知识和技能的发挥。② 可以认为职场压力的产生是由于劳动者个体无法完全适应工作环境, 于是对自我评价降低, 从而发生抑郁、焦虑、不自信等非正常心理和行为状态。根本原因是个体的内在需求与外在需求存在不一致, 导致了感知上的失衡。职场压力的来源是多方面的, 如图 3.1 所示。

---

① CORLETT EN, RICHARDSON J (eds). Stress work design and productivit [J]. Applied Ergonomics, 1982, 13 (4): 27.
② FRENCH JRP, CAPLAN RD, HARRISON RV. The mechanisms of job stress and strain [J]. Journal of Psychosomatic Research, 1983, 27 (4): 332-333.

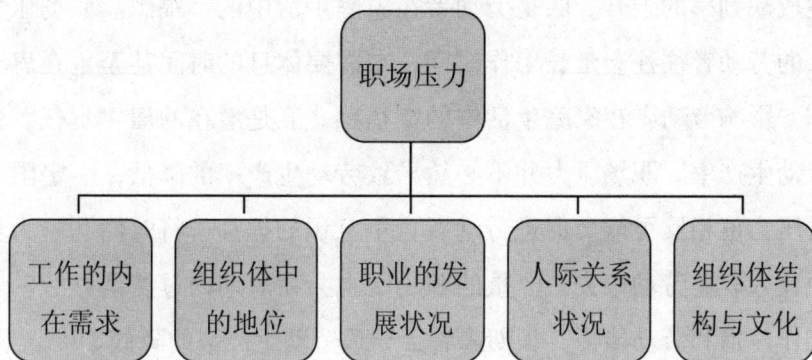

图 3.1　职场压力的来源①

工作的内在需求所带来的压力包括不良的物质性工作环境、高强度的劳动负担、长时间的工作等；组织体中的地位指劳动者在企业中所处的位置，即个人职位的高低，通常越重要的岗位压力越大；职业的发展状况指职业的发展过程，缺乏职业安全感、晋升速度过慢或过快都会带来相应压力；人际关系状况，主要指与领导和同事的关系；组织体的结构与文化涵盖企业参与决策的机制、企业内部独特的处事方式、办公室的政治氛围等。

（二）职场压力的影响

综合来看，职场压力会给劳动者和企业带来多方面的不良影响。一是对工作的满意程度。压力过大的工作会使劳动者感觉力不从心或是付出与回报不成正比，从而减低对这份工作的评价。二是劳动者的精神和身体健康。三是缺勤率及由此带来的经济损失。职场压力容易使劳动者对工作产生厌烦情绪，可能会以各种借口刻意躲避工作，从

---

① COOPER CL, MARSHALL. Occupational sources of stress: a review of the literature relating to coronary heart disease and mental ill health [J]. Journal of Occupational Psychology, 1976, 49 (1): 11-28.

而造成缺勤率的上升。四是劳动者在家庭生活中的幸福感。职场压力过大的劳动者往往会延长工作时间，在需要休息的时间甚至也在思考工作，影响劳动者在家庭生活中的幸福感。五是潜在的雇主责任。六是劳动生产率。职场压力并不必然导致劳动生产率的降低，一定限度内的压力值相反可能会促进劳动者竞争意识的提高，将时间和精力更多地投入职业劳动中去。严重的职场压力会在短期内过度消耗劳动者的工作热情和劳动能力，长期来看会导致劳动生产率的降低。①

过度的职场压力不利于劳动者的精神和生理健康已经得到多方研究的证实。在精神方面，职场压力最容易导致的伤害就是抑郁，其他的损害还包括：职业倦怠②；酗酒；无法解释的身体不适；慢性疲劳；病态建筑综合征③及重复性劳损。④ 生理健康方面，可能导致劳动者患有：精神疾病；冠心病；特定种类的癌症；一系列身体或精神上的小损害，如身心症状、偏头痛、胃溃疡、过敏症。不同职业的劳动者所承受的职场压力并不相同，即使是相同职业的劳动者所感受到的压力程度也不相同，毕竟劳动者的个体文化水平、劳动技能、抗压能力等有所不同。职场压力除影响劳动者精神和身体健康外，还会影响劳动者的行为和态度。典型的不良后果主要有：一是对工作满意度和劳动贡献的降低，二是不安全行为和工作事故增加的倾向，三是可能导

---

① TENNANT C. Work-related stress and depressive disorders [J]. Journal of Psychosomatic Research, 2001 (51): 697-704.

② 职业倦怠，英文为"burn out"，指劳动者在长期工作压力下产生的情感与心理的衰竭状态。

③ 病态建筑综合征，英文为"Sick Building Syndrome"，指在办公室中发生的人体的不良反应，与建筑物的温度、湿度、通风以及装修材料等有关。

④ HOTOPF M, WESSELY S. Stress in the workplace: unfinished business [J]. J Psychosom Res, 1997, 43 (1): 1-6.

致不良的生活习惯，如抽烟、酗酒、不注意饮食等等。①

那么，究竟从事何种职业的劳动者所承受的压力水平较高？有研究表示那些需要投入更多情感的职业较容易给人带来压力，比如护士和社会工作者。由于此类工作需要劳动者：拥有较高责任感的，投入较多的情感，展示自己的情感。长期从事此类工作容易使劳动者产生疲倦、厌烦的心理状态，缺乏能量与活力。② 有学者将所有从事职业劳动的劳动者们分为三个组别进行研究，分别是蓝领劳动者（指以体力劳动为主的劳动者，如制造业工人、手工业工人、矿工）、白领劳动者（指以脑力劳动为主的劳动者，如会计、公务员、企业高管）、"帮助"类劳动者（如教师和医护人员）。在蓝领的工作环境中，噪声是一个重要的压力源，暴露在噪声下会导致女性出现烦躁、沮丧、焦虑、易怒等症状。相比之下，男性受到的影响要小一些，但不论是男性劳动者还是女性劳动者，噪声都是工作事故和病假的诱因之一。在白领劳动者群体中，精神不健康多是由较高的工作要求、较低的工作社会支持率以及决策能力不足造成的。除此之外，不良的人际关系和付出与所得之间的不平衡也会引起精神和生理的不适。在"帮助"类劳动者中，职业倦怠是经常发生的现象。工作内容和特定的工作压力与职业倦怠有一定的关系。对于医生来说，极高的专业水平要求是精神和心理健康的不利因素。③ 对于一名教师来说，如果在一个学期中遇到了一些不服管教、调皮捣蛋的学生，在下一个学期可能会引发精

---

① HOEL H, SPARKS K, COOPER CL. The cost of violence/stress at work and the benefits of a violence/stress-free working environment ［R］. Geneva: ILO, 2000 (1): 25-37.

② JOHNSON S, COOPER C, Cartwright S, et al. The experience of work-related stress across occupations ［J］. Journal of Managerial Psychology, 2005, 20 (2): 178-187.

③ Tennant C. Work-related stress and depressive disorders ［J］. Journal of Psychosomatic Research, 2001 (51): 697-704.

神及心理上的不适。①

（三）职场压力的控制

作为一个非政府部门的公共机构，英国健康与安全委员会（Health and Safety Commission/Health and Safety Executive）长期致力于减少和预防职场压力。委员会工作的重点是制定并推广一系列能够有效管理和控制职场压力的战略标准。将这些标准应用于企业不仅有助于雇主清晰地了解企业内部的压力状态，明确待改进和完善事项，也有利于提高员工的幸福感及健康水平，增强企业的凝聚力和影响力。职业压力管理体系的目标有三：一是预防，通过培训相关人员对风险的排查及控制能力减少劳动者经历职场压力的可能性；二是及时的反应，进一步提高企业管理层发现问题和解决问题的能力；三是恢复，为受职场压力困扰的劳动者提供有效的帮助，让劳动者能够自如应对存在的问题，尽早恢复正常状态。② 英国《对健康有害物质的控制》③法规及其修正案规定雇主有义务对职场中存在的健康风险进行评估，此处的风险包括有害物质和工作活动中可能出现的危害劳动者身心健康的因素。此外，雇主还应当评估本单位风险控制系统的运行状况。该法规的中心任务是确保全体企业采取积极行动评估、预防、控制工作场所中的有害因素。法规对企业的具体要求体现在以下几个方面：风险评估；有害因素的预防；控制措施的应用；控制措施的运行和检测；

---

① BRENNER SO, SOERBOM D, WALLIUS E. The stress chain: a longitudinal confirmatory study of teacher stress, coping and social support [J]. J Occup Psychol, 1985, 58 (1): 1-13.

② COX T, LEATHER P, COX S. Stress, health and organisations [J]. Occupational Health Review, 1990 (23): 13-18.

③ Control of substances hazardous to health regulations.

有害因素的监测；有害因素的分析；卫生监督；信息公开和培训；应对突发事件和紧急救助。

为了达到以上要求，企业应当积极建设风险控制体系。风险管理的循环控制体系能够有效预防和减少职场压力。企业可以通过以下六个可循环步骤来逐步实现对风险的管控。

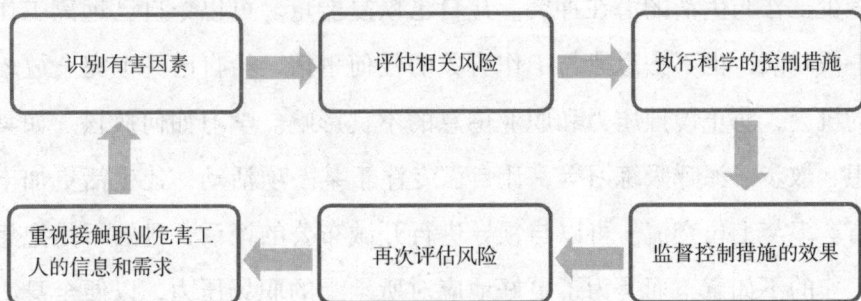

```
┌─────────────┐      ┌─────────────┐      ┌──────────────┐
│ 识别有害因素 │ ───→ │ 评估相关风险 │ ───→ │ 执行科学的控制措施 │
└─────────────┘      └─────────────┘      └──────────────┘
      ↑                                          │
      │                                          ↓
┌──────────────┐     ┌─────────────┐      ┌──────────────┐
│ 重视接触职业危害工 │ ←── │ 再次评估风险 │ ←── │ 监督控制措施的效果 │
│ 人的信息和需求  │     └─────────────┘      └──────────────┘
└──────────────┘
```

图 3.2　风险循环控制体系示意图

循环控制体系建立的基础是对工作场所环境全面细致的分析，包括工作内容、工作程序、企业组织结构、工作技术等情况。循环控制体系的运行机制是：首先，确定本企业内部劳动者正在承受职场压力；其次，识别导致职场压力发生的软环境和硬环境的不良因素，认真分析不良因素所带来的影响；再次，评估职场压力对劳动者健康造成的风险，设计科学且实用的压力控制措施；最后，执行这些措施，同时监督并评估这些措施在控制职场压力方面的作用。[①]

应对职场压力不仅需要雇主不断改善工作环境，也离不开劳动者的自我管理。减少压力的方法有很多种，劳动者应当针对自身情况理性选择。美国心理学会为承受职场压力的劳动者提供了一些减压的建

---

① COX T. Stress research and stress management：putting theory to work ［R］. Sudbury：HSE，1993（61）：75-79.

议：记录压力。写下自己对工作环境的想法，通过持续一段时间的不断记录来确定何为最大的压力源。以健康的方式应对压力。可以通过运动、读书等兴趣爱好使自己得到放松，不要通过暴饮暴食、酗酒等不良方式来排解职场压力。公私分明。为自己设立一些生活准则，比如回到家以后不再查看电子邮件，晚餐期间不接电话等，如此有助于减少工作与生活的潜在冲突。让自己恢复能量。可以令自己远离工作一段时间，也不去思考与工作有关的任何事情，给自己一个完全放松的机会，防止慢性压力和职业倦怠的不良影响。学习如何放松。如冥想、散步、深呼吸练习等，让自己专注于某一项活动，让生活更加丰富。多与上司交流。可以与领导进行开诚布公的谈话，目的不是抱怨工作的不如意，而是为了更好地应对所承受的职场压力，以便全身心投入工作中。争取一些支持。包括同事的支持、领导的支持、家人的支持等，也可以通过员工援助计划获得专家的帮助。① 除此之外，还可以通过心理暗示、调整目标等方式重拾信心，相当一部分的职场压力并非外界所施，而是劳动者强加给自己的。每个人都是自己最好的老师，通过自我鼓励、自我调整达到自我减压、自我放松，是每一名职场中的劳动者都应该学习并掌握的本领。

二、职场暴力之排除

（一）职场暴力的含义

与职场压力一样值得关注的还有职场暴力（workplace violence）问题，职场暴力行为会对劳动者的精神健康造成严重伤害，预防和制

---

① American Psychological Association. Coping with stress at work ［R/OL］. (2018-10-14) ［2015-06-06］. http：//www.apa.org/helpcenter/work-stress.aspx.

止职场暴力行为能够增进劳动者的健康福祉。需要强调的是，暴力可以划分为多种不同的类型，每一类所需要的控制和管理方式并不相同。被广泛接受的一个划分源于美国加利福尼亚州职业安全与健康署，其将暴力行为分为三种类型：暴力行为主要以抢夺现金（贵重物品）为目标，行为人在工作场所并无法律上的权利；暴力行为来自在工作场所有法定权利的服务的接受者或提供者，如患者、顾客、学生；暴力行为发生在同事之间，包括暴力行为直接针对上级或下级。为了将更多的暴力性行为囊括进来，欧盟委员会近期对职场暴力做出如下界定：职场暴力可以被认为是劳动者因工作原因受到的欺辱、恐吓或骚扰等行为，这些行为对劳动者的安全、幸福和健康造成了明显或潜在的威胁。① 本书认为"职场暴力"并不完全等同于"工作场所暴力"，后者的范围更加广泛，可以包括所有发生在工作场所的暴力行为，例如劫匪抢劫银行或金店、医闹殴打医生、恐怖袭击等。可以认为"工作场所暴力"是"职场暴力"的上位概念，"职场暴力"被包含于"工作场所暴力"。本书所讨论的职场暴力主要指的是发生在上下级或同事之间的、与工作直接相关的暴力行为，即前述暴力类型中的第三种。职场暴力行为与职场压力关系密切，很多情况下职场暴力是压力的重要来源，同时职场压力也可能是职场暴力的导火索。在此意义上，职场暴力与许多特定情形有关，例如感受到不公平的对待、工作强度的增加、工作环境的改变、裁员、工作场所监控的扩张等等。暴力行为的发生与巨大的压力感和对现实的无力感有密切的联系。换言之，当人们感受到自己在工作中无法掌控局面时，可能采用暴力行

---

① HOEL H, SPARKS K, COOPER C L. The cost of violence/stress at work and the benefits of a violence/stress-free working environment［R］. Geneva：ILO, 2000（1）：25-37.

为发泄沮丧和怒气。①

（二）职场暴力的类型

国外学者对于职场暴力行为的分类多有不同意见，广义上的职场暴力行为可以包括欺凌（bullying）、围攻（mobbing）、性骚扰②、种族歧视等。欺凌和围攻行为的区别并不明显，比如术语"bullying"通常应用于英国和澳大利亚，而在斯堪的纳维亚和德语系国家同样的行为被称为"mobbing"，在美国相近的行为被称为"workplace harassment"或"mistreatment"。即便如此，仍然有一些学者将这两种行为予以区分："欺凌"主要指主体在一段时间内持续感受到来自某人不良行为的影响，受到影响的人无法保护自己免受此种行为的攻击。典型的欺凌行为如扣留可能影响他人工作的信息；试图找他人工作中的错误；公开让他人难堪。"围攻"主要指职场中的一伙人聚集在一起攻击一个人的骚扰事件。③

1. 欺凌（bullying）

职场欺凌行为被视为侵略性或暴力性行为的一种变体，目前普遍认为"欺凌"是在一定时期内发生的具有持续性和消极性的攻击行为，包括可感受到的权力上的不平衡，目的是创造一种敌对的工作环境。④ 美国萨福克大学教授大卫·山田将职场欺凌细化为四个相互影

---

① HOEL H, SPARKS K, COOPER CL. The cost of violence/stress at work and the benefits of a violence/stress-free working environment ［R］. Geneva：ILO, 2000（1）：25-37.

② 鉴于性骚扰的特殊性，将在其后对此问题单独进行论述。

③ American Psychological Association. Coping with stress at work ［R/OL］.（2018-10-14）［2015-06-06］. http：//www. apa. org/helpcenter/work-stress. aspx.

④ SALIN D. Ways of explaining workplace bullying：A review of enabling, motivating, and precipitating structures and processes in the work environment ［J］. Human Relations, 2003, 56（10）：1213-1232.

响的要素：敌对工作环境、有形伤害、不利雇佣行为和推定解雇。① 职场欺凌通常是一对一的攻击行为，有观点认为主观上必须具备伤害他人的意图才构成欺凌，也有观点认为只要造成事实上的伤害就可以被认定为欺凌。② 职场欺凌会使劳动者受到严重的身心伤害，许多时候在施暴者和受害者之间有明显的力量或地位上的差距，受害一方处于劣势，因此欺凌也可被称为"恃强凌弱"。即使在身份地位上并无显著差别，但受害方往往处于被孤立的状态，经常感觉到"低人一等"。侵略性或暴力性行为（欺凌）的表达有许多不同形式，可以是身体上的、语言上的、社会关系上的，身体方面的侵略包括殴打、踢、掐等，语言方面包括当面或通过电子信息（手机短信、邮件、社交工具等）嘲笑、咒骂、侮辱受害者，社会关系方面包括完全排除受害人进团队、拒绝通知受害人重要信息、与他人交换意味深长的目光等。所有的这些行为都以影响受害人在职场上或团队中的地位或评价为目的。③

职场欺凌和普通冲突的区别在于时间跨度和频率。职场欺凌是重复的、持续性地在一段时间内不间断的攻击行为，偶尔出现一次的职场冲突并不属于职场欺凌。职场欺凌存在的原因是多方面的，企业不完善的工作环境、员工个人缺陷的性格、团队之间的不良竞争都可能为职场欺凌提供生存的土壤。在这些原因中，工作环境是应当被着重

---

① 肖永平，彭硕. 职场欺凌的域外立法经验及其借鉴 [J]. 武汉大学学报（哲学社会科学版），2014（3）：5.

② LUTGEN-SANDVIK P，DAVENPORT SYPHER B. Destructive organizational communication，processes，consequences，& constructive ways of organizing [M]. Routledge，London，2009：27-53.

③ OXENSTIERNA G，ELOFSSON S，GJERDE M，et al. Workplace bullying，working environment and health [J]. Industrial Health，2012（50）：180-188.

强调的，在不良的工作环境中，员工的不良缺陷容易被诱发。因此，在某工作环境中欺凌别人的员工在另一个工作环境中很可能表现正常。工作环境中的以下因素是职场欺凌行为的诱因。一是能够感受到的力量失衡。职场欺凌行为的受害者和施暴者之间通常存在力量（权力、地位）上的差距，受害者往往会感受到无助，或是无法反抗，或是孤立无援。正因为存在力量上的差距，受害者才无法承受职场欺凌，也难以做出有效的还击。在许多案例中，企业的管理人员正是职场欺凌的策划者或煽动者，且女性劳动者较男性劳动者更易成为职场欺凌的受害者。① 二是较低的成本。欺凌行为较低的代价是其频繁出现的前提条件。职场欺凌的成本包括被领导训斥、在单位中评价被降低、被同事孤立或遭到解雇。但以上这些不利后果仅仅是一种可能性，在管理不利的公司或企业高管为施暴者的情况下出现的概率再次降低。三是不满和沮丧的情绪。对工作环境和企业文化氛围的不满也是职场欺凌行为的诱因之一。硬环境方面，拥挤嘈杂的劳动环境会刺激劳动者不良情绪的产生，如易怒、烦躁、不耐烦等。这些情绪出现后，劳动者的攻击性人格将表现得更加明显，职场欺凌发生的概率也会成倍增加。企业不良的软环境也是职场欺凌的重要原因，付出与收获的不成正比或是不公平的竞争机制都会让人沮丧，职场中人与人之间的缺乏交流会让人倍感孤独，于是职场欺凌就成为各种不良情绪的发泄口。②

---

① AQUINO K，BRADFIELD M. Perceived victimization in the workplace：The role of situational factors and victim characteristics ［J］. Organization Science，2000（11）：525 - 537.

② SALIN D. Ways of explaining workplace bullying：A review of enabling，motivating，and precipitating structures and processes in the work environment ［J］. Human Relations，2003，56（10）：1213-1232.

　　职场欺凌对劳动者的精神健康有着显著的不良影响，一些研究已经证实职场欺凌行为与精神疾病之间有着密切的联系。分组研究显示职场欺凌的受害者与正常劳动者相比较易出现创伤后应激障碍（post-traumatic stress disorder）。① 之所以会出现此种病症是因为职场欺凌受害者的价值理念遭到了破坏，那种一直认为生活是和平美好的信念被欺凌行为无情地践踏，由此带来的心理上的严重伤害可能伴随终生。② 职场欺凌的受害者实际上感受到了社会的排挤，此种不公平待遇对劳动者的精神伤害是显而易见的，轻者会引发悲伤、郁闷、失望等不良情绪以及生理上的不适，重者会导致焦虑症、抑郁症和生理疾病，甚至自残、自杀等。研究发现职场欺凌会直接导致劳动者出现精神障碍，但也会受到其他因素的影响例如工作要求和用人单位的管理水平。较高的工作要求和较低的管理水平可能会给劳动者带来普遍的精神不适。③ 职场欺凌与劳动者精神疾病之间的关系并非不可逆的，用人单位于职场欺凌早期的判断与处理非常重要。保护劳动者的精神健康与保障劳动者的身体健康均为用人单位在职业安全方面的基本义务，职场欺凌的预防与控制需要用人单位提高管理水平、完善工作环境，及早发现、及时处理，给予受害劳动者有效的帮助，从而将职场欺凌行为的影响降至最低。

---

① 创伤后应激障碍被认为是精神疾病的一种，该病的患者多曾经遭遇或目击过事故灾难或可怕的事情，导致创伤性回忆的反复出现和心理障碍的持续存在。MIKKELSEN EG, EINARSEN S. Basic assumptions of posttraumatic stress among victims of bullying at work [J]. Eur J Work Organ Psychol, 2002, 11 (1)：87-111.

② GLASØ L, NIELSEN MB, EINARSEN S, et al. Grunnleggende antagelser og symptomer på posttraumatisk stresslidelse blant mobbeofre (A study of basic life assumptionsand post-traumatic stress disorder among victims of workplace bullying) [J]. Tids Nor Psykolfor, 2009, 46 (2)：153-160.

③ STANSFELD S, CANDY B. Psychosocial work environment and mental health：A meta-analytic review [J]. Scand J Work Environ Health, 2006, 32 (6)：443-462.

2. 围攻（mobbing）

（1）职场围攻的界定

"职场围攻"的概念由瑞典斯德哥尔摩大学的海因茨·莱曼教授（Heinz Leymann）于 20 世纪 90 年代初期首先提出。作为一个新兴的概念，职场围攻很快获得了社会学和法学界的关注。起初关于职场围攻行为的研究主要在欧洲，但随着这一问题越发普遍，美国和加拿大等国的学者也加入研究的行列中。海因茨·莱曼教授提出"职场围攻"概念的灵感来源于生物学家的动物行为学理论。在动物界，围攻行为是指族群中的一些动物将族群中的某只动物孤立，并想方设法将其驱赶出本族群。因此，职场围攻本意是指职场中多对一的恶意行为。① 有学者为职场围攻行为做如下定义："通过不公正的指责、羞辱、骚扰、情感虐待甚至是恐吓，企图将某人排除出职场的恶意行为。职场围攻由一人或几人发起，发起人可以是职场中的任何人，他（们）带领职场中的一些人针对某个人发动有组织、经常性的恶意攻击。此种类似于'暴徒'行为的结果会给受害者带来生理或心理上的伤害，且往往会将受害者排挤出工作单位。"②

为了更形象地说明职场围攻行为，我们来看一个案例：彼得（Peter）在美国硅谷的一家互联网公司从事软件开发工作，由于技术水平较高，享受着不错的工资待遇。彼得来自俄罗斯，办公室中的同事经常嘲笑他带有俄罗斯口音的英语。某一天，当这种情况又一次发生时，彼得非常生气，他怒不可遏地要求停止一切关于他口音的嘲笑，并摔

---

① DUFFY M, SPERRY L. Workplace mobbing: Individual and family health consequences [J]. The Family Journal, 2007（15）: 398.

② DAVENPORT N Z, SCHWARTZ R D, ELLIOTT G P. Emotional abuse in the American workplace [J]. Collins, IA: Civil Society Publishing, 1999: 40.

门离开办公室。从此以后，情况变得更加糟糕，不仅办公室的同事变本加厉地嘲讽彼得，甚至其他部门的人都开起了他俄罗斯口音的玩笑。彼得被孤立了，他的社交关系网全面崩塌，越来越多的同事加入嘲笑他的队伍中。彼得无论走到哪里都会听到让他害怕的嘲笑声，他彻夜不眠，无法专心工作。这一现象也引起了公司管理者的注意，很多人向管理层反映彼得的种种不是，管理层也想当然地认为彼得近期的表现很差。于是，公司领导训斥了彼得，要求他尽快改正。而彼得在被领导批评后，越发焦虑，不久患上了抑郁症，不得不请病假。由于一再地请病假，公司辞退了彼得。而因为简历上的医疗历史，彼得也无法找到新的工作，他彻底失业了。这一案例中的彼得就是职场围攻的目标劳动者即围攻的受害者，彼得单位中嘲笑他口音的同事们则是围攻行为的发起人和实施者。彼得所经历的正是职场中一种典型的不公平待遇，这种遭遇会给一名劳动者带来长期的心理压力和精神障碍。具有讽刺意味的是，在围攻行为出现以前，彼得一直是公司的年度优秀员工。

（2）职场围攻的阶段

职场围攻大体可以分为四个时间段，第一阶段是事件的初始阶段，也可以称为冲突阶段。工作中的冲突是职场围攻行为的诱因，职场生活中的一些细节和其他因素也可能成为导火线，如对某人高工资待遇的妒忌。第二阶段是围攻行为的实行阶段。在这一阶段中职场围攻的发起人开始对受害者进行侮辱和人身攻击，将有越来越多的人加入围攻的队伍中来。围攻行为实施者会与受害者进行交流，但这些交流行为却是以伤害对方为目的，有组织性并且会持续很长时间。此种伤害或惩罚别人的恶意是职场围攻行为的典型特质，多对一的悬殊对比会导致受害者被孤立，受害者的名誉、声望、工作环境会受到不同程度的影响。第三阶段是管理者介入的阶段。管理层的介入通常是在职场围攻造成了不良影响之后，围攻行为的早期往往会受到管理层的忽略。在管理者介入之后，职场围攻就成了官方事件，行政参与会将受害者的痛苦毫无保留地呈现在所有员工面前，如果不能公正处理，受害者的心理将遭受更加严重的二次伤害。令人遗憾的是，管理者一般都会听信围攻行为实施者们的意见，因为他们人数众多。即使有所怀疑，但为了维护本单位的士气和团结，也很可能会牺牲受害者的利益，做出不公正的决定，受害者因此被打上了问题员工的标签。第四阶段是驱逐阶段。由于无法忍受职场围攻所造成的糟糕的工作环境，受害者往往会被迫离开本单位。更糟糕的情况是由于围攻行为给受害者造成了精神和心理障碍，他们往往需要医疗救治，从而会形成长期的病假旷工，而此种经历会阻碍受害者获得新的工作，长期的失业不可避免。①

（3）职场围攻的影响

职场围攻对劳动者个人、家庭、单位及社会都会造成不同程度的影响。职场围攻对劳动者个人的影响尤其明显。目标劳动者会感觉到沮丧、无助、焦虑或愤怒，精神上的巨大压力引发生理上的病变，可能出现抑郁症、强迫症、创伤后应激障碍、免疫疾病甚至自杀。职场围攻使受害者的人际关系遭到毁灭性的打击。受害者成为众矢之的，没人愿意与他交往，受害者本人会日益消沉，出现交流障碍。职场围攻也会改变目标劳动者的家庭生活，职场生活中的压抑与沮丧会影响

---

① LEYMANN H. Mobbing and psychological terror at workplaces [J]. Violence and Victims, Summer, 1990, 5 (2): 119-26.

受害劳动者与家庭成员的相处，如不愿与其他成员交流，对亲密行为产生恐惧。一旦被排除出职场，受害者的经济水平每况愈下，所抚养和赡养的家庭成员也失去了经济基础。职场围攻会增加企业和社会的经济成本。企业方面，长期的病假会导致企业劳动生产率的降低和医疗成本的升高；高跳槽率让企业流失部分技术熟练的优秀员工；不良的工作氛围不利于企业的长远发展。社会方面，职场围攻的受害者可能需要长期的住院治疗，由此造成医疗资源的非必要支出由社会承担。同时，职场围攻的受害者多是单位员工中的佼佼者，许多受害者不愿再回到工作岗位，也不愿重新寻找工作，"福利依赖"现象不可避免。这不仅会让国家损失优秀的劳动者，也提高了政府的福利支出。此外，职场围攻会导致受害劳动者婚姻关系紧张，从而影响社会的离婚率。①

（4）职场围攻的管理

作为一种不良社会现象，职场围攻的管理与控制需要用人单位、社会、劳动者的共同努力。理论上说，不论各个国家的文化背景是否存在差异，职场围攻行为的第一阶段和第二阶段基本相似，围攻的初始阶段和围攻的实行阶段是所有职场围攻行为的共有阶段。然而，第三阶段和第四阶段会呈现较大的不同，这是因为职场围攻会受到劳动者组织、劳动立法和用人单位管理水平的深远影响。理想状态下，职场围攻应当在初始阶段就被制止，但这显然难以实现。为了防止目标劳动者受到更大的伤害，其他各方的帮助是非常必要的。在职场围攻的第三和第四阶段，劳动者组织的介入会显著降低职场围攻的负面效

---

① DUFFY M, SPERRY L. Workplace mobbing：Individual and family health consequences [J]. The Family Journal, 2007 (15)：398.

应。工会应当为受害劳动者提供必要的帮助，首先应当认真倾听受害劳动者的陈述，并查明事实；其次工会需要为冲突双方（受害者和主要施暴者）提供调解谈判的平台，工会进行调解应当遵循以下原则：建立关于冲突问题的道德辩论模式，允许双方发表意见；设置一系列争端双方都同意的调解程序；尽量避免对受害劳动者精神的再次伤害；给予双方平等的对待，不倾向任何一方；选择一个能够与双方进行交流且能给出独立建议的调解人。①

再次，工会可以为受害劳动者制定心理咨询，积极帮助其恢复心理健康；最后，一旦确定存在职场围攻，工会应当将有关情况公布，呼吁停止此类行为并可建议管理者给予施暴者一定的惩罚。用人单位方面，需要坚持对职场围攻的"零容忍"，一方面要提高企业的管理水平，建立健全职业安全健康管理体系（OSHMS）；另一方面需重视企业组织文化的培养。团结、向上、公平公开的工作氛围可以减少职场围攻的发生概率，相反自私自利、霸道独裁、充满敌意的工作氛围更易诱发职场围攻。上至管理者下至普通员工，当工作场所中的绝大多数人都对围攻这种恶意行为持反对意见并拒绝参与时，围攻的发起人反而会成为自身恶意的受害者，此时职场围攻的发动成本远高于获利，发生概率必然降低。

（三）职场暴力的法律规制

1. 美国

1970 年美国国会通过了《职业安全与健康法》，并根据该法设立了职业安全与健康管理局（Occupational Safety and Health Administra-

---

① LEYMANN H. Mobbing and psychological terror at workplaces [J]. Violence and Victims, Summer, 1990, 5 (2)：119-126.

tion）。该法的目的是确保国内的每名劳动者都能享有安全健康的工作环境，促进人力资源的可持续发展。然而作为职业安全领域的基础性法律，《职业安全与健康法》的规定并不细致，关于职场暴力的规制被认为包含于普通责任条款之中。① 美国法院认为《职业安全与健康法》的普通责任条款表明雇主有提供安全健康工作场所的广泛义务。当劳动者经历职场暴力或面临职场暴力的威胁时，雇主应当及时采取适当的行动。随着经济全球化和跨国公司的迅速扩张，职场暴力成为日益严重的社会问题，美国每年约有 200 万劳动者成为职场暴力行为的受害者。由于规则的粗糙，1970 年《职业安全与健康法》并未能解决职场暴力问题，一些雇主想尽各种办法来逃避责任。据统计，美国职业安全与健康管理局的一名干事约需要管理 59000 名劳动者，监督管理上的疏漏在所难免。②

为了更好地应对职场暴力问题，一些州开始制定自己的法律。1994 年加利福尼亚州议会通过了《工作场所暴力安全法》（*Workplace Violence Safety Act*）。该法规定一旦员工在工作场所受到职场暴力的威胁，雇主或公共机构可以代表员工申请对施暴者的临时性或永久性限制令。限制令一旦获得通过，法院就会强制要求施暴者远离受害者，不许再次接触或骚扰受害劳动者。施暴者被限制后，不得购买、占有或使用枪支弹药，且在受到限制令的 48 小时内，必须将所拥有的枪械

---

① 《职业安全与健康法》第五章的两条规定通常被视为普通责任条款。第五章第一条规定：“每一名雇主必须为每一名雇员提供不存在已知危险或不会造成雇员死亡或严重生理伤害的工作岗位和工作场所；必须遵守本法所颁布的安全与卫生标准。”第二条规定：“每一名雇员应当遵守职业安全卫生标准，以及根据本法所制定的规则、条例、命令中有关本人行为活动的规定。”

② MARK I H. Workplace violence：Why every state must adopt a comprehensive workplace violence prevention law［J］. Cornell HR Review, 2013（4）：1-11.

上交执法部门或持牌经销商。① 2005 年，伊利诺伊州制定了《医疗护理机构暴力预防法》（*Health Care Workplace Violence Prevention Act*），法律规定每一个医疗护理机构必须采纳并实施一项能够保护劳动者远离暴力的计划，在实施计划之前，医疗护理机构的负责人应当对潜在的暴力风险进行评估。② 纽约州于 2006 年通过了《工作场所暴力预防法》（*Workplace Violence Prevention Act*），主要目的是预防和减少工作场所暴力对公职人员的危害。法律规定：公共管理机构有责任计划并实施相应的方案来预防职场暴力的发生；用人单位有义务告知员工有关工作岗位和工作场所的各种危险因素，包括可能遭受的攻击和伤害；员工培训应当包括劳动者保护自己远离暴力危险的方法，如适当的工作实习、应急程序、安全警报和其他设备的使用方法。③

2. 欧洲

2007 年 4 月 26 日，欧洲工会联盟（ETUC）、欧洲企业家联合会（BUSINESSEUROPE）、欧洲中小企业联合会（UEAPME）以及欧洲企业争取公众参与及企业关心公众经济利益中心（CEEP）共同签署通过了《关于职场骚扰和暴力的框架协议》（*Framework Agreement on Harassment and Violence at Work*）。该协议的主要目的是防止和管理职场暴力和职场性骚扰等行为，协议谴责任何形式的职场暴力和职场骚扰，确认雇主有保护员工远离此类攻击的义务。欧洲企业被要求对职场暴力采取"零容忍"政策，并采取一定程序处理此类事件。协议认为，提高管理者的意识和对其进行合适的训练可以减少职场暴力发生

① DAVID K. The workplace violence safety act: Protecting your agency's most valuable resource [J]. The Public Law Journal, 2013, 36 (2): 19-24.

② See IL ST CH 405 § 90/15.

③ See N. Y. Lab. Law § 27-b.

的可能性，企业应当有一个反对职场暴力的明确声明。对职场暴力的处理程序及原则包括但不限于以下：为了保护各方的尊严和隐私，处理过程中的自由裁量权是必要的；与事件无关的信息不得向当事人透露；投诉应当被调查并及时处理；各方应当获得公正的聆听与对待；各方应当获得投诉的详细信息；不允许存在错误的指控，诬告者可受到纪律处分；可接受外部援助。企业管理者需要与劳动者及其代表协商、确立、审查并监督以上处理程序，确保其在处理职场暴力问题上的有效作用。协议规定，一旦发生职场暴力，企业将对行为人采取适当措施，可以包括纪律处分或解雇。受害者应当获得各方的支持，并在必要时帮助其重新融入社会。

瑞典是欧洲第一个通过单行法来解决职场欺凌问题的国家。1993年，瑞典制定了《反职场侵害条例》（*The Ordinance on Victimization at Work*），该条例适用于劳动者可能遭受侵害的所有活动。职场侵害指的是针对个别劳动者的重复性的、应受谴责的或具备明显消极性的攻击行为，会导致劳动者被排斥出职场，职场欺凌即是典型的职场侵害行为。条例规定，雇主应当做好计划和组织工作，以便更好地预防职场欺凌行为；雇主需明确指出，工作活动中不允许存在职场侵害。条例还规定，由于管理工作不到位或欠缺合作会为职场侵害提供生存的土壤，因此企业应当在日常工作中注意此类行为的早期迹象，并及时矫正不良的工作环境。当劳动者受到侵害的迹象变得明显时，企业应当及时采取相应对策并进行特别调查，以确定在组织工作中是否存在合作缺陷。企业应当有特别的工作方式来帮助和支持受到职场侵害的劳动者。①

英国 1997 年《反骚扰法》(*The Protection from Harassment Act*)规定，雇主有保护雇员免受骚扰的替代责任。相比反歧视立法或工作压力导致的人身伤害赔偿规定，《反骚扰法》为雇员提供了一个更容易获得赔偿的途径，因为骚扰行为的构成要件证明起来较为简单。《法国劳动法典》规定，任何员工不得遭受可能侵犯其权利和尊严或使其工作条件恶化的重复性行动，因为此类行动不利于劳动者的生理和精神健康，影响劳动者的职业前途。雇主有义务采取必要的行动确保员工的生理和精神健康，保护员工远离职场精神暴力；雇主有权对欺凌他人的劳动者进行纪律处分，允许受害者请求调解程序以阻止骚扰行为。《法国劳动法典》对职场精神暴力的证明责任做出了规定，首先，声称受到欺凌的劳动者需要证明欺凌事实的存在，然后由被告证明其行为并不构成对原告的欺凌，法官在听取双方证词后形成自己的观点，并依照法定程序进行详细调查，还原事实真相，最后做出判决。此外，《法国劳动法典》还规定，用人单位不得因劳动者遭受精神暴力、举报施暴者或为存在精神暴力作证而处罚、开除或歧视该劳动者；如果劳动合同缺少关于职场精神暴力或保护劳动者远离此类行为的内容，该合同不得终止。②

---

① GUERRERO M I S. The development of moral harassment (or mobbing) law in Sweden and France as a step towards EU legislation [J]. Boston College International and Comparative Law Review, 2004 (27): 477–450.

② GUERRERO M I S. The development of moral harassment (or mobbing) law in Sweden and France as a step towards EU legislation [J]. Boston College International and Comparative Law Review, 2004 (27): 477–450.

三、职场性骚扰之防治

（一）职场性骚扰的界定

"性骚扰"一词由美国女权主义法学家、斯坦福大学法学院教授凯瑟琳·麦金农（Catherine Mackinnon）于 20 世纪 70 年代正式提出。封建社会，受"男尊女卑"思想的深远影响，女性被视为男性的附庸，并不存在性骚扰问题。随着时代的发展进步，越来越多的女性进入社会生产领域，与男性一样成为劳动者。性骚扰也因此成为一种普遍的社会问题。

职场性骚扰即发生在工作场所中的性骚扰，是性骚扰最常见的类型，也是性骚扰研究的起点。早期研究性骚扰的学者大多赞同职场性骚扰是一种典型的性别歧视现象。麦金农教授将性骚扰区分为交换型性骚扰和敌意环境型性骚扰，并认为性骚扰是男性通过在雇佣关系中的权力优势地位强加给女性的讨厌的性要求，性骚扰削弱了女性争取平等社会地位的潜能。① 康奈尔大学的林·法利（Lin Farley）教授认为职场性骚扰是"不请自来的、一厢情愿的男性行为"，"职场性骚扰令女性的性别角色更加鲜明，女性的劳动者角色黯淡下来"。② 美国平等就业机会委员会（Equal Employment Opportunity Commission）1980年出版的《性别歧视指南》为职场性骚扰下了一个较为精准的定义，"不受欢迎的性冒犯、性挑逗以及其他语言上或身体上的性暗示出现在下列情形中构成性骚扰：服从上述行为是雇佣关系成立的前提条

---

① MACKINNON C A. Sexual harassment of working women：A case of sex discrimination [J]. Yale University Press，1979，9（10）：7.

② FARLEY L. Sexual shakedown：The sexual harassment of women on the job [M]. New York：McGraw-Hill，1978：40-44.

件；服从或拒绝上述行为是做出雇佣决定的基础；上述行为以影响劳动者的工作表现或创造威胁、敌对、侵犯性的工作环境为目的"①。美国女性劳动者组织（Working Women's Institute）将职场性骚扰界定为"职场生活中一切带有性特质的意图，会让女性在工作中感觉不舒服，妨碍其工作，影响女性的就业机会……""由于性骚扰发生在职场环境中，因此其往往带有强迫性，不仅影响女性的职业满意程度，也会威胁女性的职业安全"②。

早期的研究者大多认为性骚扰与性的欲望关系密切，骚扰者的主要动机是对性表达与性满足的渴望，因此有关性骚扰的研究主要集中于"性"特征上。近期的一些学者提出了不同的观点，珍妮弗 L. 伯达尔（Jennifer L. Berdahl）博士认为：所有性骚扰行为背后潜藏的动机是保护看似受到威胁的社会地位，这一点上男性和女性都是一样的。与性表达和男性统治权相比，通过性来保护和宣扬自己的社会地位才是性骚扰更基本、更深层次的动机。③ 也有学者经过调查实验发现，思想传统的男权主义者较之思想开明的男女平等主义者更易实施性骚扰行为。当一些男性职员发现自己的男子气概受到威胁时，骚扰其女性同事的可能性就大大增加。传统男权主义者普遍认为男性比女性强大和优秀，当自认为高大的男性形象遭到怀疑时，他们中的一些人就企图通过性骚扰行为来证明原有自我定义的正确，对质疑其男性

① STEIN L W. Sexual harassment in America：A documentary history ［M］. New York：Greenwood Press，1999：33.
② SCHOENHEIDER K J. A theory of tort liability for sexual harassment in the workplace ［J］. University of Pennsylvania Law Review，1986，134（6）：1461.
③ BERDAHL J L. Harassment based on sex：Protecting social status in the context of gender hierarchy ［J］. Academy of Management Review，2007，32（2）：641-658.

权威的女性同事予以还击。① 虽然学者们的研究视角并不相同，但基本达成三点共识：当某人感受到威胁时，往往容易实施性骚扰行为，威胁的内容可能是多种多样的，如男女间地位差异的缩小、男性气概受到质疑、小团体中角色的改变等；性骚扰通常都以增强或保护某人的性别特征为目的，如男性想要展示自己的勇气、能力及男子气概，女性想要表现自己的纯洁、吸引力、温暖等；性骚扰既包括对女性的性骚扰，也包括对男性的性骚扰，既包括异性之间的性骚扰，也包括同性之间的性骚扰。②

（二）职场性骚扰的侵害客体分析

1. 对职场性骚扰侵害客体的不同认识

职场性骚扰的主体既可以是男性也可以是女性，已经成为国内外理论界的共识，在此不做赘述。然而，性骚扰究竟侵犯了权利主体的何种权利却存在较大争议，目前主要有以下几种观点。

一、名誉权。《元照英美法辞典》将名誉定义为："对于人的道德品质、能力和其他品质的一般评价。"社会生活中的每一名成员都有凭借其自身特质获得社会公正评价的权利，文明社会普遍对此种权利加以保护。《中华人民共和国民法通则》规定，公民和法人享有名誉不受侵害的权利。出现性骚扰后，被骚扰者的社会评价可能会下降，因此我国司法实践中发生的一些性骚扰案件都是以侵犯名誉权为案由。

二、贞操权。史尚宽教授认为"不为婚姻外之性交，为良好之操

---

① MAASS A, CADINU M, GUARNIERI G, et al. Sexual harassment under social identity threat：The computer harassment paradigm ［J］. Journal of Personality and Social Psychology, 2003（85）：853-870.

② BERDAHL J L. Harassment based on sex：Protecting social status in the context of gender hierarchy ［J］. Academy of Management Review, 2007, 32（2）：641-658.

行，遵守此操行，谓之贞操"①。我国法律并无贞操权的相关规定，有学者认为贞操权是以性为特定内容的独立的人格权，包括性保持权、性反抗权和性承诺权。② 性骚扰对贞操权的侵犯主要指的是对受害人性纯洁状态和良好品行、操守的侵犯。

三、性自主权。杨立新教授认为，性骚扰所侵害的最直接的客体乃是性自主权，性自主权是一项独立的人格权，以人的性利益为主要内容。③ 人的性利益是与生俱来的，当达到一定年龄后，每个人都可以自由支配自己的性利益，他人不得非法干涉。性骚扰的行为人违背对方意愿，对其进行性方面的骚扰，侵害的正是对方享有的性自主权。④

四、人格尊严权。人格尊严是指"人"作为社会主体，应当享有基本的社会地位并受到他人最起码的尊重。人格权可以划分为一般人格权和具体人格权，一般人格权是民事主体基于人格利益所享有的基础性权利，主要包括人格平等、人格独立、人格自由和人格尊严。全国首例胜诉性骚扰案件的代理律师张绍明认为"性骚扰是一种以侵犯他人人格尊严权为特征的民事侵权行为……面对社会上存在的种类繁多、轻重不一的性骚扰行为，只有从人格尊严权的角度才能解释其侵权本质，才能使众多的受害者得到法律的保护"⑤。

---

① 史尚宽. 债法总论 [M]. 北京：中国政法大学出版社，1999：149.
② 刘正祥. 论贞操权的民法保护——由我国首例"贞操权判决"说起 [J]. 政法学刊，2008，（1）：61.
③ 杨立新，张国宏. 论构建以私权利保护为中心的性骚扰法律规制体系 [J]. 福建师范大学学报（哲学社会科学版），2005（1）：16.
④ 杨立新. 性骚扰到底侵害了什么权 [N]. 检察日报，2003-11-12.
⑤ 张绍明. 确立人格尊严权，建设有中国特色的反性骚扰法律体系 [EB/OL].（2004-01-09）[2015-07-12]. http：//www. law-lib. com/hzsf/lw_ view. asp？no = 2463.

上述观点从不同角度对性骚扰的侵害客体做出界定，皆能言之成理，但均有值得商榷之处。

首先，就名誉权而言，侵犯名誉权主要是通过公开的方式造成社会对他人的能力、素质、道德品质等方面的不公正评价，典型行为如诽谤和侮辱。而性骚扰行为往往发生在骚扰者和受害者之间，通常带有隐蔽性，难有目击者，而受害者多数不愿声张，因此存在性骚扰并不一定会损害受害者的名誉。除此之外，在科学正义价值观的引导下，性骚扰的行为后果不应是受害人社会评价的降低，法律和社会舆论应当谴责的是骚扰者。所以，名誉权并非性骚扰行为的侵害客体。

其次，就贞操权而言，"贞操"一词乃是古代道德伦理的产物，"守贞"历来是指女子婚前为处子，婚后不与除丈夫以外的人发生性行为。即使强制性地规定男女皆享有贞操权，但法律不能超越所处的时代和文化环境，在普通大众的观念中，男子的"贞操权"只能成为茶余饭后的一个笑谈。退一步说，即使法律承认贞操权，性骚扰侵犯的未必就是贞操权，因为性骚扰的方式多种多样，不仅包括身体上的触摸、碰撞，也包括语言和文字等方式。我们不可能认为受害人听到一些言语上的挑逗、收到几条骚扰短信，她（他）的性的纯洁状态就遭到了破坏。因此，不能简单地将贞操权确定为性骚扰的侵犯客体。

再次，将性自主权定为性骚扰的侵害客体也存在一定问题。与贞操权相比，"性自主权"的提法的确有先进之处，把握了性骚扰行为的"性"动机，因而获得许多学者的赞同。早期关于性骚扰的研究的确专注于"性"特征，然而随着研究范围的扩展，越来越多的学者认识到性骚扰并非只是有关"性"的骚扰行为，性骚扰背后隐藏的各种复杂动机受到了广泛关注。此外，性骚扰与强奸有着本质上的区别。

强奸是违背对方意愿的强制性性行为，毫无疑问侵犯了对方的性自主权。而性骚扰是不受欢迎的带有性意识的逗引行为，表现形式多样，很多情况下并未干涉对方的性自由（如言语挑逗或讲色情笑话），受害人仍可自主选择性行为对象。所以，将性骚扰的侵犯客体认定为性自主权也有不妥之处。

最后，就人格尊严权而言，一切性骚扰行为都侵犯了对方的人格尊严这是不容置疑的，但并不能就此认定性骚扰的侵犯客体是人格尊严权。人格尊严属于一般人格权的范畴，具有高度的抽象性，能够包容诸如身体权、名誉权、荣誉权、隐私权等具体人格权。"将性骚扰侵害的客体认定为人格尊严权，存在着侵害客体过于宽泛，没有指明该类侵权行为所侵害的具体人格利益的缺憾。"① 此外，"人格尊严权"的提法尚待认可，《侵权责任法》并无关于人格尊严权的明确规定。在民法中，人格尊严作为一种概括性或兜底性的补充规定，其内涵不断变化、不断扩张，将人格尊严认定为"人格尊严权"实际上限制了人格尊严的适用范围，不利于保障新型人格利益。因此，不宜将性骚扰的侵害客体认定为人格尊严权。

2. 本书的观点

美国是最早对性骚扰问题展开研究的国家，绝大多数的研究工作集中于职场性骚扰。在我国，由于人口密度大、私人交通工具普及率不如发达国家，公交车、地铁、火车等人流密集公共场所性骚扰的发生频率远高于西方国家。虽然皆为性骚扰，但公共场所性骚扰与职场性骚扰有着明显的区别。一方面，公共场所性骚扰多为偶然发生，骚扰者通常临时起意，与受害者并不相识；职场性骚扰多为重复性、持

---

① 薛宁兰. 性骚扰侵害客体的民法分析 [J]. 妇女研究论丛，2006（S1）：5.

续性行为，骚扰者往往蓄谋已久，与受害者为同事关系。另一方面，公共场所性骚扰的动机是性欲，行为人以追求性的快感为根本目的；职场性骚扰的动机则较为复杂，除性欲外，维护地位、表现自我、展示权力都可能是骚扰行为的出发点。本书认为职场性骚扰侵犯的客体是劳动者的职业安全权。

首先，不论职场性骚扰的动机究竟为何，其对受害劳动者造成的伤害主要是精神方面的，但与此同时，长期的不良精神状态又会导致生理上的各种不适。职场性骚扰会令受害劳动者产生屈辱、愤怒、痛苦、不甘等负面情绪，承受着巨大的心理压力，可能会导致受害劳动者患失眠症、头痛症、焦虑症、抑郁症等疾病，严重威胁劳动者的身心健康。职场性骚扰在给劳动者带来心理压力的同时，也侵犯了受害劳动者的人格尊严，与"体面劳动"的指导方针背道而驰。虽然受害劳动者的社会评价未必会降低，但职场性骚扰作为一种不尊重他人的"负能量"行为，无疑会让受骚扰者感受到人格的降低和尊严的贬损。人格尊严不仅是一般人格权的主要内容，也是劳动法上的重要法益，属于与物质性法益相对应的精神性法益的范畴。职业安全权对劳动者健康法益的保护不仅包括身体健康的物质性法益，也包括心理健康的精神性法益。物质性法益保障着劳动者的生理存在，体现了人之为人的基本要求；精神性法益诉说着劳动者的精神需要，凸显了人作为社会主体的更高层次的价值追求。唯有身心的协调发展、全面安乐才是真正的健康状态，职业安全权对劳动者健康的全方位保护，彰显了劳动法作为文明之法的宗旨和品格。除职场性骚扰外，职场欺凌、职场围攻、种族歧视等职场暴力行为无一不是侵犯了劳动者的健康法益，严重影响着劳动者职业安全权的实现。

其次，从职场性骚扰的两种主要类型来看，交换型性骚扰通常发生在领导者与普通雇员之间，领导者依赖其优势地位对下属提出不受欢迎的性要求，以雇佣关系的维系、职位的升迁、工资待遇的增加、避免裁员等为交换条件。简而言之，交换型职场性骚扰是雇主或主管对顺从其性要求的雇员提供工作福利。① 一旦下属拒绝领导者的性要求，领导者可能运用手中的权力来"惩罚"对方，如以工作为借口的批评和辱骂、晋升机会的剥夺甚至是雇佣关系的解除。敌意环境型性骚扰是美国最高法院认可的另一种性骚扰类型，可能发生在管理者与下属之间，也可能发生在地位相同的同事之间，甚至是下属对领导者也可能构成敌意环境型性骚扰。只要骚扰者的行为影响了对方的工作表现，令对方的工作环境充满敌意与威胁，就构成敌意环境型性骚扰。不论是交换型性骚扰抑或敌意环境型性骚扰，均改变了受害劳动者应有的正常的工作环境，影响受害劳动者职业安全权的实现。享有职业安全权意味着劳动者有权利在没有危险、不受威胁的工作环境中工作。工作环境中的危险因素来自两方面，一是"硬环境"中的危险因素，指机器设备、厂房车间、劳动工具及原材料等实体物可能给劳动者的安全带来伤害；二是"软环境"中的危险因素，指工作组织、工作制度、人际关系等人文环境可能对劳动者的安全造成威胁。职场性骚扰行为严重侵害了劳动者的安全法益，不仅侵犯了劳动者的人身安全，也威胁着劳动者的"职业"安全。职业安全权对劳动者人身安全的保护是不言而喻的，但当一名女性劳动者面临着不顺从男性主管领导无理的性要求就会丢掉工作、失去生活来源时，我们无法认为这样

---

① NOTE. Employer liability for coworker sexual harassment under title Ⅶ [J]. 13 N. Y. U. Rev. L. & Soc. Change, 1984（83）：85.

的工作环境是安全的。职场性骚扰对劳动者安全法益的影响决定了职业安全权是其侵害客体。

最后，职场性骚扰的雇主责任作为一项救济原则得到了普遍认可。职场性骚扰概念被提出后的一段时间里，美国法院一直否定雇主应当对职场性骚扰的发生承担责任，直至 Meritor Savings Bank v. Vinson 一案之后才发生改变。原告 Mechelle Vinson 女士作为一名实习出纳在一家银行（Meritor Savings Bank）工作，该银行的副总裁 Sidney Taylor 在原告工作的四年中多次要求与其发生性关系。最初原告并未同意，但因为担心会失去工作，最终屈服。原告因为身体不适向单位请了长期病假，后来该银行以原告请病假过长为由将其辞退。原告后向法院起诉，要求副总裁与银行共同承担责任。Vinson 女士声称，Taylor 与自己共发生过 40 或 50 次性交，并曾多次强奸她。地区法院在调查中发现该银行建立了反对职场歧视的举报制度，但从未收到原告或其他员工关于 Taylor 性骚扰行为的报告。因此，地区法院最终认为原被告之间的行为是自愿发生的，不构成职场性骚扰，银行并未收到相关举报信息，不应为 Taylor 的行为承担雇主责任。哥伦比亚特区上诉法院则认为不论雇主是否知道或应当知道存在性骚扰，都需要对员工的性骚扰行为承担绝对责任，上诉法院推翻了地区法院的判决，后建议该案重审，但遭到了全席拒绝。① 联邦最高法院最终认同了上诉法院的观点，明确肯定了职场性骚扰的雇主责任。随后，许多欧洲国家也确立了职场性骚扰的雇主责任。如法国劳动法典规定，雇主有义务保护雇员在工作中的身体健康和精神健康，在反对职场性骚扰方

---

① MERITOR SAVINGS BANK v. VINSON，（1986）.

面负有不可推卸的责任。① 英国《性别歧视法》规定："雇主必须努力证明已经精心设计和构建了平等机会政策或其他的管理策略，去防止性骚扰的发生。"② 我国 2012 年颁布的《女职工劳动保护特别规定》第十一条规定："在劳动场所，用人单位应当预防和制止对女职工的性骚扰。"

职场性骚扰中，雇主承担责任的依据是雇主对雇员的保护照顾义务。一方面劳动者受雇于用人单位，需依照雇主的指示命令进行劳作，无法自主决定，此种人格上的从属性决定雇主应当重视和保护劳动者的人格利益；另一方面劳动者并非为自己的营业而劳动，而是为雇主之事业而劳动，工作中的人身危险却通常由劳动者直接承担，如此明显有失公平。让雇主承担赔偿责任不仅符合道德伦理，也可督促其努力采取措施减少职业风险。与雇主的保护照顾义务相对应，劳动者就享有保证人身安全和身心健康，免受职场危险因素侵害的权利即职业安全权。所以，在此层面上可以认为职场性骚扰的侵害客体是劳动者享有的职业安全权。

（三）劳动法调整职场性骚扰的必要性

对职场性骚扰问题的规制历来有两种路径选择：一是侵权责任法。职场性骚扰作为一种不请自来的、不受欢迎的与性有关的行为，在违背对方自由意志的同时也侵犯了对方的人格权，因此在民法中，职场性骚扰被认为是一种侵权行为，由侵权责任法予以调整。二是劳动法。职场性骚扰是世界范围内普遍存在的一个社会问题，不仅侵犯

---

① 郑爱青. 欧盟及其主要成员国反性骚扰立法的主要内容 [J]. 妇女研究论丛，2006（S1）：33.
② 崔克立. 反职场性骚扰中雇主责任的确立 [J]. 妇女研究论丛，2006（S1）：50.

了公民的人身权利，也侵犯了劳动者的劳动权利。作为调整职业劳动关系的法律，劳动法将职场性骚扰纳入规制范围无可非议。两种调整模式皆有其内在合理性，究竟哪种模式更有利于预防和制止职场性骚扰、保护相对人合法权利呢？本书认为劳动法应当优先于侵权行为法，理由如下。

一方面，随着人类社会日益走向文明与开放，更多的女性劳动者进入曾经由男性统治的劳动领域，职场性骚扰作为工作场所中的一种不良现象引发了社会的广泛关注。美国的一项调查显示，约25%的美国女性表示曾遭受职场性骚扰，有9%的男性表示曾遭受职场性骚扰。① 德国杜伊斯堡社会学调查中心的一项调查报告显示，每五个女性中就有一个遭遇过来自同事不必要的身体接触，在调查对象中清楚知道工作场所性骚扰概念的男性只有7%，女性为17%。②

通过上述调查数据可以推断，职场性骚扰是全球职业劳动领域普遍存在的不良现象。职场性骚扰并非单纯是针对个体的行为，而是劳动者这一特殊群体所面临的集体性问题。职场性骚扰不仅侵害劳动者的人格权利和劳动权利，也会给经济和社会带来一系列的负面效应。作为一种就业歧视，职场性骚扰会给女性劳动者群体带来严重的经济损害，虽然此种损害的具体数值难以精确测量，但目前可观察到的后果包括失业率和缺勤率的增加、职位晋升障碍、经济收入的降低、劳动生产率的普遍降低、职业选择的限制。③ 职场性骚扰加强了女性的

① 美调查：25%女性遭职场性骚扰，男性更怕遭指控 ［EB/OL］. （2011－11－23）［2015－07－23］. http：//www. chinanews. com/gj/2011/11－23/3480582. shtml.

② 调查：德国半数职场女性曾遭遇"性骚扰" ［EB/OL］. （2015－03－09）［2015－07－23］. http：//www. chinanews. com. cn/gj/2015/03－09/7113494. shtml.

③ SCHOENHEIDER K J. A theory of tort liability for sexual harassment in the workplace ［J］. University of Pennsylvania Law Review, 1986, 134 （6）：1461.

经济弱者地位，传统的就业模式限制了女性的就业机会和上升空间，最终将女性牢牢禁锢在低报酬和"死胡同"（Dead-end）① 的工作岗位上，不利于女性社会实力的增加。与民法注重保护市民的私人利益不同，劳动法以维护社会利益为本位，职场性骚扰对社会整体利益的影响决定了劳动法进行干预的合理性。如果说侵权法是"治标"，劳动法则是"治本"，因为唯有积极建设和谐劳动关系，维护良好工作环境才是真正的解决之道。

另一方面，职场性骚扰在侵犯被骚扰者职业安全权的同时，也影响其他劳动者权利的顺利实现。对于被骚扰者而言，职场性骚扰在伤害其精神健康的同时，也影响其职业前途。如果不顺从管理者提出的无理性要求，可能会面临解雇、降职、无法升迁等不利后果。一旦被骚扰者屈从于上位骚扰者，新的问题又会产生，管理者很容易对服从其骚扰行为的劳动者实行"性的徇私"（sexual favoritism），在自己的权力范围内给予对方各种照顾和偏袒。此种性的徇私很有可能威胁其他劳动者的晋升或加薪，造成了另外一种不公平待遇，阻碍其他劳动者享有良好工作环境权利的实现。职场性骚扰对其他劳动者造成的间接不利后果并不在侵权法的评价范围之内。在劳动法上，雇主不仅有保护劳动者安全健康之法定义务，亦有创造和维持良好工作环境之作为义务。雇主应当明确表示对职场性骚扰的反对和"零容忍"，并在本单位建立关于职场性骚扰的申诉举报制度，积极预防职场性骚扰的发生，为劳动者创造公平向上的工作环境。雇主对雇员的保护照顾义

---

① "死胡同工作"（Dead-end job），用来形容某工作没有或很难有机会令受雇者成功晋级至更高的职位，这一术语通常指代那些低技术含量的工作，如超市理货员、保洁工人、接话员等，这些工作不仅薪水较低且工作时间较长。参见维基百科"Dead-end job"词条。

务与雇主对工作环境的建设维护义务共同决定了职场性骚扰属于劳动法的调整范围。

（四）职场性骚扰的法律规制

1. 美国

美国是世界上最早关注职场性骚扰问题的国家，相关的法律规范也最为完备，为其他国家所效仿。经过多年的发展与不断完善，已经形成由联邦法律、联邦和各州法院司法判决以及劳资双方集体协议共同进行规制的救济模式。20 世纪 70 年代以前，美国职场性骚扰的责任理论研究进展较为缓慢，职场性骚扰的受害者只能以侵权法作为唯一的法律救济途径。随着越来越多的学者开始关注职场性骚扰给整个社会带来的负面效应，美国法院也不再将职场性骚扰仅仅视为对个人尊严的侮辱行为。在一系列的司法实践中，联邦法院最终形成了这样的观点：职场性骚扰违反了 1964 年《民权法案》第七章的相关规定，是一种雇佣歧视。[①]《民权法案》虽然没有关于性骚扰的特别规定，但却明确禁止基于性别的就业歧视，雇主基于性别做出的一切不雇佣或解雇决定都是非法的。虽然《民权法案》成为规制职场性骚扰最重要的法律依据，但适用范围却非常有限，仅仅适用于交换型性骚扰，且受害人无法获得惩罚性的损害赔偿金。1986 年，在前述 Meritor Savings Bank v. Vinson 一案中，联邦法院不仅确认了职场性骚扰的雇主责任，也肯定了敌意工作环境构成职场性骚扰。1991 年美国国会对 1964 年《民权法案》进行修订，制定并通过了 1991 年《民权法案》。修订后的《民权法案》规定，职场性骚扰的受害人不仅可以获得惩罚性赔

---

① 在 Williams v. Saxbe 一案中，联邦法院首次认定职场性骚扰是违反《民权法案》第七章的性别歧视行为。

偿，还可以请求陪审团参审及给付专家出庭费。① 此外，还扩大了"劳动者"这一概念的定义范围，"当涉及在国外的雇佣关系时，'劳动者'这一术语包括美国公民在内"②。这样的规定实际上肯定了该法案的域外适用效力。

2. 德国

德国 1994 年在男女平等权法的第十条规定了《工作场所性骚扰保护法》，以期预防和制止职场性骚扰行为。《工作场所性骚扰保护法》第二条将性骚扰界定为"侵犯工作场所中受雇人人格尊严的故意的性之行为举止"，并进一步明确了可以构成性骚扰的两种情形，一是依刑法规定属于需承担刑罚的性之行为及性之举止，二是其他的性行为或性要求，包括特定身体的性接触、性内容的提示、色情内容的展露，并且当事人需要明确可辨识地对这两种行为加以拒绝。将"可辨识的拒绝"作为职场性骚扰的成立要件存在一定问题，究竟何种表现才算是"拒绝"是一个见仁见智的判断，难有统一标准，因此该规定也招来许多的批评。除雇主责任外，该法还规定了劳动者的退却权，依第四条的规定，当雇主未采取任何措施或采取明显不适当的措施避免性骚扰的再度发生，为保护受雇人之必要，受雇人有权停止相关职位上的工作，而其工资待遇并不受任何影响。③ 劳动者退却权的行使以必要性为条件，即只有骚扰者的行为达到一定的严重程度，而雇主又未采取合适措施，才可以拒绝工作。《工作场所性骚扰保护法》还对受害人的申诉权做了规定，当受雇人感觉受到性骚扰时，得向其所服务

---

① 焦兴凯. 工作场所性骚扰被害人在美国寻求救济途径之研究 [J]. 欧美研究，1999 (3)：30.

② Civil rights act of 1991, Sec. 109.

③ 卢映洁. 德国工作场所性骚扰法制简介 [J]. 中正法学，2004 (14)：349.

的企业组织或行政机关有管辖权之单位提出申诉。接到申诉的机关单位应当听取双方当事人的意见，做出谨慎的审查与判断。此外，公司企业和行政单位还需要承担一定的教育义务，《工作场所性骚扰保护法》第七条规定："企业组织或行政机关对于本法规定，应于其适当场所予以陈列并供阅览或加以公告之。"①

3. 日本

日本受传统文化的深远影响，雇佣制度一直以男性为中心，劳动力市场上的性别歧视现象较为严重。据报道，日本女性的整体就业率为六成，而有 3 岁以下子女的女性就业率不足 3 成，仅有两成日本男性年收入在 300 万日元以下，而女性则高达近 7 成。② 由于女性的整体社会地位偏低，职场性骚扰的发生率普遍较高。2012 年，日本劳动工会联合会有关职场性骚扰的一项调查显示，全体被调查对象中女性遭到过性骚扰以及职权骚扰的比例分别是 17% 和 21.6%，性骚扰受害对象中有 34.3% 都选择了忍气吞声。③ 日本规制职场性骚扰的法律依据主要是雇佣平等法、民法及刑法的相关规定。《雇佣机会平等法》肯定了雇主对职场性骚扰的预防和管理义务，修订后的该法第二十一条规定："雇主必须注意人员管理，保障工作场所有关性的语言和行为不伤害性地影响到女性的雇佣条件或工作环境，为此，雇主在人员管理方面必须为此目的始终采取适当的必要措施。"④ 日本将预防和制

---

① 张源泉. 职场性骚扰之法制研究——以德国法为中心 [J]. 云南大学学报法学版，2011 (2)：7.

② 日本"男女平等"排名靠后"旧思想"根深蒂固 [EB/OL]. (2013-10-28) [2015-07-27]. http：//japan. people. com. cn/n/2013/1028/c35467-23349860. html.

③ 调查发现日本 17% 职场女性遭遇过性骚扰 [EB/OL]. (2012-06-15) [2015-07-27]. http：//www. chinadaily. com. cn/hqgj/jryw/2012-06-15/content_ 6195403. html.

④ [日] 荒木尚志. 日本劳动法（增补版）[M]. 李坤刚，牛志奎，译. 北京：北京大学出版社，2010：88.

止性骚扰的主要责任交由雇主承担，企业对性骚扰的注意义务不仅限于日常工作场所，还包括与工作间接相关的场所，如宴请客户的饭店、员工聚会场所等。职场性骚扰的受害人也可依据民法请求加害人承担侵权责任，日本《民法典》第 709 条规定，故意或过失侵犯他人权利者，承担因此而产生的损害赔偿之责任。同时，依据《民法典》第 715 条的规定，雇主对雇员因执行职务而加于第三人的损害负赔偿责任，但雇主已尽到相当注意义务，或即使尽相当注意义务损害仍会发生的不在此限。所以，当职场性骚扰与执行职务有密切联系，而企业未能采取必要措施时，雇主也需承担赔偿责任。

4. 中国

随着国家对性骚扰问题的重视，我国的性骚扰立法工作逐步展开，虽然与发达国家相比起步较晚，也缺乏系统的规则设计，但在短暂的十年中仍取得了一定的成就。2005 年修订后的《妇女权益保障法》首次将反对性骚扰写入法律，虽然仅为原则性的规定，但却是我国性骚扰立法的重大进步。2012 年国务院公布实施了《女职工劳动保护特别规定》，赋予用人单位预防和制止工作场所中对女性劳动者进行性骚扰行为的法定义务，第十一条明确规定："在劳动场所，用人单位应当预防和制止对女职工的性骚扰。"该条规定填补了我国职场性骚扰的立法空白，不仅有利于保障女性劳动者的人格尊严和职业安全，也有利于督促用人单位采取措施预防职场性骚扰问题。

与中央立法相对，许多地方也陆续出台了反对性骚扰的立法规定。如《北京市实施〈中华人民共和国妇女权益保障法〉办法》第三十三条规定："禁止违背妇女意志，以具有性内容或者与性有关的语言、文字、图像、电子信息、肢体行为等形式对妇女实施性骚扰。遭受性骚扰的妇女，可以向本人所在单位、行为人所在单位、本市各级妇女联合会和有关机关投诉，也可以直接向人民法院起诉。"湖南省实施《中华人民共和国妇女权益保障法》办法第三十条规定："禁止违反法律、伦理道德以具有淫秽内容的行为、语言、文字、图片、电子信息等任何形式对妇女实施性骚扰。各单位应当采取措施预防和制止工作场所的性骚扰。"第四十一条规定："违反本办法第三十条第一款、第三十四条第一款规定，对妇女实施性骚扰或者家庭暴力，构成违反治安管理行为的，由公安机关依法给予行政处罚；受害人可以依法向人民法院提起民事诉讼；构成犯罪的，依法追究刑事责任。"

2021 年 1 月 1 日正式实施的《中华人民共和国民法典》在人格权编中对性骚扰进行了界定。第一千零一十条规定："违背他人意愿，以言语、文字、图像、肢体行为等方式对他人实施性骚扰的，受害人有权依法请求行为人承担民事责任。"此外，该条还规定了用人单位在防范处理性骚扰方面的积极作为义务。民法典扩大了职场性骚扰的保护范围，不仅女性，男性亦可成为性骚扰的受害者，这是我国立法的一大进步。

参考文献

一、中文文献

（一）中文著作类

[1] 关怀. 劳动法（第三版）[M]. 北京：中国人民大学出版社，2008.

[2] 黄越钦. 劳动法新论 [M]. 北京：中国政法大学出版社，2003.

[3] 郑尚元，李海明，扈春海. 劳动和社会保障法学 [M]. 北京：中国政法大学出版社，2008.

[4] 范围. 工作环境权研究 [M]. 北京：中国政法大学出版社，2014.

[5] 冯彦君. 劳动法学 [M]. 长春：吉林大学出版社，1999.

[6] 周辅成. 西方伦理学名著选辑（上卷）[M]. 北京：商务印书馆，1964.

[7] 王全兴. 劳动法（第三版）[M]. 北京：法律出版社，2008.

[8] 马克思，恩格斯. 马克思恩格斯选集（第二卷）[M]. 北

京：人民出版社，1995.

[9] 马克思，恩格斯. 马克思恩格斯选集（第四十四卷）[M].
北京：人民出版社，2001.

[10] 马克思，恩格斯. 马克思恩格斯选集（第四卷）[M]. 北
京：人民出版社，1972.

[11] 张文显. 二十世纪西方法哲学思潮研究 [M]. 北京：法律
出版社，1996.

[12] 张文显. 法学基本范畴研究 [M]. 北京：中国政法大学出
版社，1998.

[13] 夏勇. 人权概念的起源 [M]. 北京：中国政法大学出版
社，1993.

[14] 孙国华，朱景文. 法理学（第三版）[M]. 北京：中国人
民大学出版社，2010.

[15] 何志鹏. 权利基本理论：反思与构建 [M]. 北京：北京大
学出版社，2012.

[16] 关怀，林嘉. 劳动法（第四版）[M]. 北京：中国人民大
学出版社，2012.

[17] 周长征. 劳动法原理 [M]. 北京：科学出版社，2004.

[18] 南京大学法学院《人权法学》教材编写组. 人权法学
[M]. 北京：科学出版社，2005.

[19] 陈金钊. 法理学 [M]. 北京：北京大学出版社，2010.

[20] 黄茂荣. 债法各论（第一册）[M]. 北京：中国政法大学
出版社，2004.

[21] 蒋璐宇. 俄罗斯联邦劳动法典 [M]. 北京：北京大学出版

社, 2009.

[22] 张文显. 法理学（第三版）[M]. 北京：北京大学出版社, 2008.

[23] 谢晖, 陈金钊. 法理学 [M]. 北京：高等教育出版社, 2005.

[24] 吴超民. 劳动法通论 [M]. 武汉：华中师范大学出版社, 1988.

[25] 李景森, 贾俊玲. 劳动法学 [M]. 北京：北京大学出版社, 2001.

[26] 余金成. 马克思"两大发现"与现实社会主义 [M]. 天津：天津社会科学院出版社, 2000.

[27] 马克思, 恩格斯. 马克思恩格斯全集（第二十三卷）[M]. 北京：人民出版社, 1972.

[28] 郭捷, 刘俊, 杨森. 劳动法学 [M]. 北京：中国政法大学出版社, 1997.

[29] 杨燕绥. 劳动与社会保障立法国际比较研究 [M]. 北京：中国劳动社会保障出版社, 2001.

[30] 李步云. 宪法比较研究 [M]. 北京：法律出版社, 1998.

[31] 马克思, 恩格斯. 马克思恩格斯全集（第四十卷）[M]. 北京：人民出版社, 1982.

[32] 马克思, 恩格斯. 马克思恩格斯全集（第四十七卷）[M]. 北京：人民出版社, 1972.

[33] 马克思, 恩格斯. 马克思恩格斯选集（第一卷）[M]. 北京：人民出版社, 1995.

［34］马克思，恩格斯．马克思恩格斯全集（第三卷）［M］．北京：人民出版社，2002.

［35］刘俊海．公司的社会责任［M］．北京：法律出版社，1999.

［36］张明楷．法益初论［M］．北京：中国政法大学出版社，2000.

［37］梁慧星．民法总论［M］．北京：法律出版社，2011.

［38］曾世雄．民法总则之现在与未来［M］．北京：中国政法大学出版社，2001.

［39］苏宏章．利益论［M］．沈阳：辽宁大学出版社，1991.

［40］龙卫球．民法总论［M］．北京：中国法制出版社，2002.

［41］史尚宽．债法总论［M］．北京：中国政法大学出版社，1999.

［42］陈焱光．公民权利救济论［M］．北京：中国社会科学出版社，2008.

［43］张文显．二十世纪西方法哲学思潮研究［M］．北京：法律出版社，1996.

［44］何勤华．西方法律思想史［M］．上海：复旦大学出版社，2005.

［45］王泽鉴．民法总则［M］．北京：中国政法大学出版社，2001.

（二）译著类

［1］曼昆．经济学原理［M］．梁小民，梁砾，译．北京：北京大学出版社，2012.

［2］［法］埃米尔·涂尔干．社会分工论［M］．渠东，译．北京：

生活・读书・新知三联书店，2001.

[3] [德] 卡尔・拉伦茨. 法学方法论 [M]. 陈爱娥，译. 北京：商务印书馆，2003.

[4] [德] 卡尔・马克思. 资本论（第一卷）[M]. 北京：人民出版社，2004.

[5] [英] A. J. M. 米尔恩. 人的权利与人的多样性——人权哲学 [M]. 夏勇，张志铭，译. 北京：中国大百科全书出版社，1995.

[6] [美] 罗纳德・德沃金. 认真对待权利 [M]. 信春鹰，吴玉章，译. 北京：中国大百科全书出版社，1998.

[7] [英] 洛克. 人类理解论（上册）[M]. 关文运，译. 北京：商务印书馆，1958.

[8] [德] 马克斯・韦伯. 论经济与社会中的法律 [M]. 张乃根，译. 北京：中国大百科全书出版社，1998.

[9] [英] 阿伦・布洛克. 西方人文主义传统 [M]. 董乐山，译. 北京：生活・读书・新知三联书店，1997.

[10] [澳] 巴巴利特. 公民资格 [M]. 谈谷铮，译. 台北：桂冠图书股份有限公司，1991.

[11] [美] 科斯塔斯・杜兹纳. 人权的终结 [M]. 郭春发，译. 南京：江苏人民出版社，2002.

[12] [德] W. 杜茨. 劳动法 [M]. 张国文，译. 北京：法律出版社，2003.

[13] [英] 凯瑟琳・巴纳德. 欧盟劳动法（第二版）[M]. 付欣，译. 北京：中国法制出版社，2005.

[14] ［日］荒木尚志．日本劳动法（增补版）［M］．李坤刚，牛志奎，译．北京：北京大学出版社，2010．

（三）中文论文类

[1] 常凯．职业安全卫生权利与职业安全卫生法治［J］．法学论坛，2010（5）．

[2] 许建宇．"双重客体说"：劳动法律关系客体再论［J］．法治研究，2010（11）．

[3] 郭捷．论劳动者职业安全及其法律保护［J］．法学家，2007（2）．

[4] 冯彦君．论职业安全权的法益拓展与保障之强化［J］．学习与探索，2011（1）．

[5] 刘超捷，傅贵．论职业安全卫生权［J］．学海，2008（5）．

[6] 杨春平．职业安全权应当纳入宪法基本权利体系［J］．重庆科技学院学报（社会科学版），2011（10）．

[7] 黎建飞．论社会法责任与裁判的特殊性［J］．法学家，2007（2）．

[8] 李满奎．工伤保险体系中的"诉讼禁止条款"研究［J］．环球法律评论，2010（4）．

[9] 张新宝．工伤保险赔偿请求权与普通人身损害赔偿请求权的关系［J］．中国法学，2007（2）．

[10] 曹燕．从"自由"到自由：劳动法的理念缘起与制度变迁［J］．河北法学，2007（10）．

[11] 杨春福．论权利的起源与基础［J］．南京大学法律评论，1998（春季号）．

[12] 詹世友. 论权利及其道德基础 [J]. 华中科技大学学报（社会科学版），2013（1）.

[13] 钟丽娟. 德沃金"权利论"解读 [J]. 山东社会科学，2006（7）.

[14] 何志鹏. 人权的来源与基础探究 [J]. 法制与社会发展，2006（3）.

[15] 徐显明. 生存权论 [J]. 中国社会科学，1992（5）.

[16] 杨立新. 工伤事故的责任认定和法律适用（上）[J]. 法律适用，2003（10）.

[17] 文敬. 论权利意识 [J]. 中国法学，1988（4）.

[18] 郭道晖. 论法定权利与权利立法 [J]. 法制现代化研究，1995（6）.

[19] 北岳. 法律权利的定义 [J]. 法学研究，1995（3）.

[20] 范进学. 权利概念论 [J]. 中国法学，2003（2）.

[21] 张晓阳. 劳动者工作环境权的界定 [J]. 社会科学战线，2013（10）.

[22] 义海忠，谢德成. 工作环境权的内容及价值 [J]. 宁夏社会科学，2012（5）.

[23] 郭明瑞. 人格、身份与人格权、人身权之关系——兼论人身权的发展 [J]. 法学论坛，2014（1）.

[24] 郑尚元. 社会法的定位和未来 [J]. 中国法学，2003（5）.

[25] 郑尚元. 社会法的存在与社会法理论探索 [J]. 法律科学，2003（3）.

[26] 刘明祥.《刑法修正案（六）》对安全事故犯罪的修改与

补充 [J]. 人民检察，2006 (21).

[27] 周长征. 劳动法中的人——兼论"劳动者"原型的选择对劳动立法实施的影响 [J]. 现代法学，2012 (1).

[28] 李海明. 论劳动法上的劳动者 [J]. 清华法学，2011 (2).

[29] 吕琳. 论"劳动者"主体界定之标准 [J]. 法商研究，2005 (3).

[30] 陈兴良. 期待可能性问题研究 [J]. 法律科学，2006 (3).

[31] 董保华. 试论劳动法律关系的客体 [J]. 法商研究，1998 (5).

[32] 许建宇. "双重客体说"：劳动法律关系客体再论 [J]. 法治研究，2010 (11).

[33] 楚风华，张剑虹. 职业安全卫生法的国际比较及其启示 [J]. 甘肃社会科学，2007 (5).

[34] 徐建宇. 劳动权的界定 [J]. 浙江社会科学，2005 (2).

[35] 冯彦君. 劳动权论略 [J]. 社会科学战线，2003 (1).

[36] 冯彦君. 劳动权的多重意蕴 [J]. 当代法学，2004 (2).

[37] 徐川府. 改善劳动条件首次挫折——回顾"二五"期间的职业安全卫生工作 [J]. 现代职业安全，2007 (5).

[38] 曹玉涛. 论马克思的劳动自由观 [J]. 郑州大学学报（哲学社会科学版），2006 (1).

[39] 秦建国. 和谐劳动关系评价体系研究 [J]. 山东社会科学，2008 (4).

[40] 黎宏. 完善我国单位犯罪处罚制度的思考 [J]. 法商研究，2011 (1).

[41] 常凯. 劳动关系和谐: 构建和谐社会的重要基础 (上) [J]. 中国党政干部论坛, 2007 (5).

[42] 贺秋硕. 企业劳动关系和谐度评价指标体系构建 [J]. 中国人力资源开发, 2005 (8).

[43] 冯彦君. 重大劳动安全事故罪若干问题探析 [J]. 国家检察官学院学报, 2001 (2).

[44] 徐川府. 改善劳动条件再次受挫——回顾三五、四五期间 (文革十年) 的职业安全卫生工作 [J]. 现代职业安全, 2007 (7).

[45] 秦国荣. 无固定期限劳动合同: 劳资伦理定位与制度安排 [J]. 中国法学, 2010 (2).

[46] 杨立新, 王海英, 孙博. 人身权的延伸法律保护 [J]. 法学研究, 1995 (2).

[47] 杨韶刚. 罗洛·梅的存在分析观阐释 [J]. 吉林大学社会科学学报, 1995 (1).

[48] 谭金可, 王全兴. 劳动者职场心理安全健康法律保护的域外新动态及其启示 [J]. 当代法学, 2013 (6).

[49] 肖永平, 彭硕. 职场欺凌的域外立法经验及其借鉴 [J]. 武汉大学学报 (哲学社会科学版), 2014 (3).

[50] 刘正祥. 论贞操权的民法保护——由我国首例 "贞操权判决" 说起 [J]. 政法学刊, 2008 (1).

[51] 杨立新, 张国宏. 论构建以私权利保护为中心的性骚扰法律规制体系 [J]. 福建师范大学学报 (哲学社会科学版), 2005 (1).

［52］薛宁兰. 性骚扰侵害客体的民法分析 ［J］. 妇女研究论丛,
2006（S1）.

［53］郑爱青. 欧盟及其主要成员国反性骚扰立法的主要内容
［J］. 妇女研究论丛, 2006（S1）.

［54］张源泉. 职场性骚扰之法制研究——以德国法为中心 ［J］.
云南大学学报（法学版）, 2011（2）.

［55］蔡昱. 澳大利亚 OHS 教育对我国职业安全教育的启示 ［J］.
当代职业教育, 2012（4）.

［56］柳经纬, 尹腊梅. 民法上的抗辩与抗辩权 ［J］. 厦门大学学
报（哲学社会科学版）, 2007（2）.

［57］张家慧. 诉权意义的回复——诉讼法与实体法关系的理论
基点 ［J］. 法学评论, 2000（2）.

［58］刘吉欣. 德国工伤保险制度及启示 ［J］. 山东劳动保障,
2006（10）.

［59］董保华.《工伤保险条例》修改的若干思考 ［J］. 东方法
学, 2009（5）.

［60］刘明辉. 关注女职工职业禁忌的负面影响 ［J］. 妇女研究论
丛, 2009（2）.

［61］刘伯红. 特殊保护势在必行, 平等发展更需坚持——女职
工劳动保护的国际趋势 ［J］. 妇女研究论丛, 2012（4）.

［62］胡鸿高. 论公共利益的法律界定——从要素解释的路径
［J］. 中国法学, 2008（4）.

二、外文文献

(一) 著作类

[1] LUTGEN-SANDVIK P, DAVENPORT SYPHER B. Destructive organizational communication: Processes, consequences, & constructive ways of organizing [M]. London: Routledge, 2009.

[2] MACKINNON C A. Sexual harassment of working women: A case of sex discrimination [M]. New Haven: Yale University Press, 1979.

[3] DAVIES A C L. Perspectives on labour law [M]. London: Cambridge University Press, 2004.

[4] MILLER D. Principles of social justice [M]. MA: Harvard University Press, 1999.

(二) 论文类

[1] CARROLL, A B. A three-dimensional conceptual model of corporate social performance [J]. Academy of Management Review, 1979 (4).

[2] COOPER C L., Marshall J. Occupational sources of stress: A review of the literature relating to coronary heart disease and mental ill Health [J]. Journal of Occupational Psychology, 1976, 49 (1).

[3] SCHOENHEIDER K J. A theory of tort liability for sexual harassment in the workplace [J]. University of Pennsylvania Law Re-

view, 1986, 134 (6).

[4] AQUINO K, BRADFIELD M. Perceived victimization in the work-place: The role of situational factors and victim characteristics [J]. Organization Science, 2000 (11).

[5] OXENSTIERNA G, ELOFSSON S, GJERDE M, et al. Workplace bullying, working environment and health [J]. Industrial Health, 2012 (50).

[6] TENNANT C. Work-related stress and depressive disorders [J]. Journal of Psychosomatic Research, 2001 (51).

[7] SALIN D. Ways of explaining workplace bullying: A review of enabling, motivating, and precipitating structures and processes in the work environment [J]. Human Relations, 2003, 56 (10).

[8] DAVID K. The workplace violence safety act: Protecting your agency's most valuable resource [J]. The Public Law Journal, 2013, 36 (2).

[9] DUFFY M, SPERRY L, Len Sperry. Workplace mobbing: Individual and family health consequences [J]. The Family Journal, 2007 (15).

[10] STANSFELD S, CANDY B. Psychosocial work environment and mental health: A meta-analytic review [J]. Scand J Work Environ Health, 2006, 32 (6).

三、学位论文

[1] 孙冰心. 职业安全权的法律保护 [D]. 长春: 吉林大

学，2004.

四、报刊文献

［1］ 杨立新. 性骚扰到底侵害了什么权［N］. 检察日报，2003-
11-12.

［2］ 冯彦君. 劳动权的双重属性：社会权与自由权属性［N］. 中
国劳动保障报，2004-02-03.

五、电子资源

［1］ 美调查：25%女性遭职场性骚扰，男性更怕遭指控［EB/OL］.
（2011-11-23）［2015-07-23］. http：//www. chinanews. com/
gj/2011/11-23/3480582. shtml.

［2］ American Psychological Association. Coping with stress at work［R/
OL］.（2018-10-14）［2015-06-06］. http：//www. apa. org/help-
center/work-stress. aspx.

［3］ 张绍明. 确立人格尊严权，建设有中国特色的反性骚扰法律
体系［EB/OL］.（2004-01-09）［2015-07-12］. http：//
www. law-lib. com/hzsf/lw_ view. asp？no＝2463.

后 记

　　我们的时代是一个权利的时代，对权利的尊重与肯定是时代的普世价值观。当代中国，劳动者是推动我国经济社会发展的根本力量，劳动者权利的保障水平和实现程度决定了社会的文明进步程度。劳动者的生存和发展是劳动法学永恒的主题。职业安全权既是生存权，又是发展权：一方面，劳动者的身体健康是职业安全权的常规法益，关乎劳动者的生存；另一方面，劳动者的心理健康是职业安全权的新兴法益，维系劳动者的发展。安全、健康、有尊严的体面劳动正是职业安全权的基本内涵。

　　感谢恩师冯彦君教授在本书写作过程中的悉心指导，没有恩师的鼓励与帮助，就没有书稿的完成。先生严谨的治学态度、高尚的师德师风是我毕生学习的榜样，谆谆教诲莫敢忘！

　　受研究水平所限，书中观点有诸多不成熟之处。深感惭愧的同时，恳请各位学界前辈批评指正，不胜感激！

雷杰淇
2022 年 11 月